経理から見た
日本陸軍

本間正人

文春新書

1312

はじめに　東条陸相が称賛した陸軍経理部

組織は人・物・金を必要とする。会社ならば人を採用し、商品を開発し、それを売り上げることにより利益を得て、そこから出資者に配当を行う。営利組織ではないものの、役所も機能は似たようなものといえる。人を採用し、政策に応じた予算を獲得し、その政策に基づき道路やダム、堤防といった社会資本を整備することで、国民に対して必要な各種サービスを提供している。

このように捉えるならば、軍隊というものも基本的に他の役所と何ら変わるものではない。戦前の陸軍（陸軍省）は国に数ある役所の中の一つであり、同じように人・物・金を動かしていたといえるだろう。陸軍省の機能のうち、人（軍人、軍属）は人事局、物（軍需品）は経理局と兵器局、金（予算要求と決算）を経理局主計課と軍務局軍事課がそれぞれ主管し、その当時の仮想敵国に対して必要な軍備を整え、有事に備えていたのである。

陸軍省で、物と金を握っていたのが経理局だ。今回、陸軍を経理面から見る場合に重要な位置を占める組織である。ここでいう陸軍経理とは、陸軍軍政の一部として、軍需諸物件の調達、管理、補給および人馬の給養（食事）ならびに財務を指す。ちなみに軍政とは、国家が軍を編制し、これを維持・管理する作用をいう。

昭和一九年四月に東条英機陸相は、全軍司令官会議の席で次のように発言して、陸軍経理部の功績を称えたという。

> 戦力発揮の要今日より急なるはない。各部門は猶一層の奮励向上を要望する。但し経理部だけは開戦以来よく協力一致広範囲に於て戦力増強に目覚しい成果を挙げている。本大臣は経理部の努力に感謝する。[1]

ここで陸軍経理部という名称が出てきたが、組織を規定する陸軍経理部令はあるものの、陸軍経理部に関する明確な定義が存在していない。そのため、本書では陸軍省経理局を頂点とし、陸軍経理部令に規定する「軍経理部」、「師団経理部」および「飛行集団経理部」、その他図表1に示す諸機関による会計経理に関する機能および作用を、陸軍経理部と定義したい。要は、陸軍の会計経理の面倒をみた関係機関全体を陸軍経理部と呼称する。

また、組織とは別に身分としての経理部もあった。各部将校（経理部将校）である。兵科将校との違いは一体何であろうか。当時の陸軍では、実際に戦闘を行う歩兵や砲兵、騎兵といった戦闘職種に属する将校を兵科将校と称していた。一方、非戦闘職種である経理、軍楽、法務等の将校を各部将校と称しており、ある時期まで将校相当官とされ、正式な将校と見做されていなかった。そのため、非戦闘職種である経理部将校は、何かと差別的な待遇を受けていた。例えば、ある時期まで、閲兵式には参加するものの、その後の分列行進では外されていた。また、経理学校の中では、兵科の中隊長や生徒隊長が来ると部隊敬礼を行っていたが、学校長には気を付けだけであった。呼称も「主計さん」と呼ばれることが多く、兵科の将校・下士官から一段下と見られており、経理部将校は何かと苦労が絶えなかった[2]。

陸軍経理は、軍事上の要求に即応し軍需を充足させるのが主眼であるものの、会計法令に基づき適正かつ経済的に処理することも同時に求められる。そのため、戦術一辺倒の兵

1　柴田隆一・中村賢治『陸軍経理部』芙蓉書房
2　若松会編『陸軍経理部よもやま話』若松会

図表1　その他の経理部機関

1　国内機関
(1) 陸軍東京経理部 昭和12年の日中戦争に際して特設された臨時東京経理部を改称したものである。その業務は、臨時軍事費に関する収入・支出の出納、これらの計算報告、臨時軍事費支弁の軍隊需品の補給であった。その後、別に定める部隊の会計事務の監督業務が加わり、次いで昭和16年の需品廠設置に伴い、需品補給部門を移管した。
(2) 補給（製造）機関 a　陸軍被服廠（本廠・支廠） 各種の被服（防毒被服を含む)、装具、補修用器材の補給及び被服に関する技術教育。 b　陸軍糧秣廠（本廠・支廠） 各種の糧秣、給養器材の補給及び糧秣に関する技術教育。 c　陸軍需品廠（本廠・支廠） 陣中用品、酒保品、建築材料の補給。 d　陸軍製絨廠（製造所を含む） 絨類、毛糸の製造補給、絨類の技術教育。
(3) 陸軍航空本部・陸軍兵器行政本部経理部 隷下機関の会計事務の監督、土地建造物の経営に関しては陸軍大臣に直隷する。
(4) 陸軍経理学校 士官候補生、丙種学生（大学卒業者)、己種学生（准士官・下士官)、甲種・乙種学生（経理部将校の上級課程）に対する教育。
(5) 陸軍第七航空技術研究所 航空被服、糧食、航空に関する特殊施設、航空建築、土木器具（飛行場設定器材〔ブルドーザー等〕を除く）に関する研究。
2　外地（作戦地を含む）機関
(1) 軍隷下の貨物廠（作戦地では野戦貨物廠） 軍隊の衣食住に伴う一切の軍需品の他、衛生材料、獣医資材その他所管不定の軍需品の補給。
(2) 各経理部教育隊 兵から経理部将校になる特別幹部候補生に対する教育を担当。 関東軍―新京、支那総軍―南京、北支那方面軍―北京、南方総軍―昭南

出所）若松会編『陸軍経理部よもやま話』若松会

科将校では到底担うことができないことから、わざわざ陸軍経理学校を設けて経理部将校を養成していた。兵科の士官候補生と同様に、経理部でも後述する主計候補生や経理部士官候補生が将校相当官あるいは将校として任官し、陸軍経理の中核となり戦時中に活躍しているのである。そして、軍令上の要求と会計法令の調和を図りつつ、経済的に軍政を行うという困難な業務を成し遂げえたからこそ、東条英機陸相から称賛されたのだろう。

本書は、陸軍という大組織を、経理という裏方から支えた益荒男《ますらお》たち、陸軍経理部将校の活躍という観点から記述したものである。現在までに、陸軍経理部について書かれている本は僅かであり、文献自体が少ないのが実状である。そのような状況から、各種資料を探し出し、興味深いエピソードを記述するように努めた。なるべく体系的に記述したいと考えていたものの、筆者の力不足により、トピックを連ねたオムニバス形式になってしまった点をご容赦願いたい。読者の皆さんには、今まであまり知られることのなかった陸軍経理部および経理部将校の活躍の一端を知って頂ければ望外の喜びだ。

なお、本書の記述に関する誤りは、筆者の調査不足である。誤りをご指摘いただければ幸いである。

経理から見た日本陸軍　目次

凡例

資料の引用と文献の表記にあたっては読みやすさを考慮し、適宜、漢字を新字体に、カタカナはひらがなに直した。また、句読点、ルビ、送り仮名を補った。

なお、引用した数字は、同じ事象を扱っていても、参照している文献や統計によって違うことがある。

第一章　軍隊も予算がないと動けなかった

陸軍の予算要求と大蔵省の陸軍対策

兵器局からの要求は特に精査が必要

読者は意外に思われるかもしれないが、軍隊も国家機関の一つであり、予算がないと動けなかった。明治憲法の第一一条で「天皇は陸海軍を統帥す」とあり、天皇大権の一つとして統帥権があった。陸軍の場合、参謀本部が天皇に作戦を上奏し、裁可を得た後、隷下部隊に対して指揮命令していた。このため、作戦の実施に関しては、何の法令の制約も受けず、全くのフリーハンドであった。昭和一六年の関東軍特種演習（関特演）のように、内地の師団を満州に派遣するのは命令書ひとつで完了する。

しかし、実際に多数の師団が移動するとなると、最低でも鉄道や船舶による輸送費や、輸送間の糧秣費、移動間の宿泊費等が否が応でも発生する。前年度にその分を見込んで予算要求するが、予算を確保していない場合には、その年度に令達されている予算だけで運用するしかない。しかし、それだと後で資金不足となり、何もできなくなってしまう。

この「軍隊は予算がないと動けない」という事実を端的に示しているのが、山本七平の

『一下級将校の見た帝国陸軍』の一節である。

　いかに精鋭の軍隊といえども、逐次戦闘加入を強いられれば必ず敗北する。これは戦術の原則である。ナチス・ドイツ軍の勝利を見よ。実にみごとな、一糸乱れぬ統一戦闘加入ではないか。なぜわれわれにこれができないか。毎年、毎年、臨軍費（臨時軍事費特別会計のこと―引用者）の予算の範囲内でしか作戦ができず、これ以上は〝予算がないから戦争はできません〟という状態を強いられてきたのだ。役人は責任のがれに〝予算がない……〟といえばそれですむかもしれぬ。だが、一国の安危は予算がないでは、すまされぬのだ。それなのに無敵皇軍は常に逐次戦闘加入を強いられ、そのため実に無理な作戦を強いられながらすべては中途半端、トドメを刺すことができない。日華事変が片づかなかったのは軍の責任ではない。議会の責任だ。議会が悪いのだ。[3]

これは、青山学院を繰り上げ卒業し、甲種幹部候補生試験に合格後、見習士官になった

3　山本七平『一下級将校の見た帝国陸軍』文春文庫

山本が、初年兵時代に世話になった中隊長にあいさつに行った際の、その中隊長の発言である。その中隊長は、陸軍士官学校出身の人格的に優れた若い中尉であったが、この話を聞いて、山本は次のように悟ったという。「そうか、そうだったのか。戦費を打ち切れば、戦争を終らすことができたのか……」と。[4]

このように、予算は軍隊を育成・維持し、動かすために必須である。また、予算は政策（例えば対ソ戦用戦備の充実、対ソ戦法の演練）を実現する具体的な手段でもある。そのため、「予算は政治権力が問題状況に対してどのような政治的価値判断を下したかを貨幣量（数字）という冷徹な記号によって明示」したものであるといえる。[5]

それでは、陸軍において予算は具体的にどのように決定されていたのだろうか。まず、当時のわが国における予算編成の流れは次のとおりであった。

① 予算編成方針の閣議決定
② 各省の歳入概算書、歳出概算書の提出
③ 大蔵省の各省概算査定と歳入出総概算書の調製（※予算案の査定を巡る陸軍省VS大蔵省の戦い）

④ 予算閣議の開催、歳入出総概算の決定（※陸軍省・大蔵省間で決着がつかない場合、陸軍大臣VS大蔵大臣となる）
⑤ 予定経費要求書等の提出と歳入予算明細書の作成
⑥ 大蔵省の歳入歳出総予算作成と閣議提出、上奏裁可
⑦ 予算内示会の開催と予算綱要の発表
⑧ 帝国議会への歳入歳出総予算の提出、協賛

これらの流れは、会計法、会計規則、歳入歳出予算概定順序（閣令第一二号、明治二二年三月二七日）および予定経費算出概則（閣令第一九号、明治二二年六月一〇日）といった法令に則って行われていた。[6]

ちなみに、予算の種類は、「一般会計」（経常部と臨時部）、一般会計から独立した「特別会計」、そして戦争終結までを一会計期間とする「臨時軍事費特別会計」に大別される。

4　山本七平『一下級将校の見た帝国陸軍』文春文庫
5〜6　大前信也「陸軍における政策形成の構図（Ⅰ）―制度的枠組みと慣行―」『政治経済史学』第504号

一般会計の経常部は、経常的な予算であり、陸軍の維持費に該当する。臨時部は、軍備充実の際に計上されるもので、金額が特に大きく、何年かに分割して計上する年割が多かったようである。

臨時軍事費特別会計は、戦時に対応するための会計で、四回しか組まれたことがなかった。日清戦争（明治二七年六月〜二九年三月）、日露戦争（明治三六年一〇月〜四〇年三月）、第一次世界大戦・シベリア出兵（大正三年八月〜一四年四月）、日中戦争・大東亜戦争（昭和一二年九月〜昭和二一年二月）の際に設けられている。ちなみに、満州事変（昭和六年九月〜昭和七年二月）では組まれていない。

陸軍の予算案作成は、まず「②各省の歳入概算書、歳出概算書の提出」までに行われることになる。先の法令の他に「陸軍省所管予算事務順序」（陸達第二三号、明治二七年三月二六日）という内規に基づき、予算案を作成していた。その流れは次のとおりである。なお、歳入（収入）分に関しては省略している。

一　歳出予算方案の作成（第五条）

経理局主計課が歳出予算の方案（方針）を作成し、四月一日までに陸軍大臣（以下

「陸相」と略）に提出し、決裁の後、各局課に送付される。

二　各局課における歳出概算増減額計算書の作成（第六条）

本省各局課は、歳出予算方案に基づき、歳出の前年度増減額を計算する。その歳出概算増減額計算書は、歳出予算方案受領から一二日以内に経理局に提出する。

三　経理局主計課における歳出概算増減額計算書の作成（第七条）

受領した歳出概算増減額計算書に基づき、陸軍省としての歳出概算増減額計算書を作成する。その際、主計課と軍務局軍事課予算班が各局課案を査定していた。これを陸相に提出し、省議による決裁の後、五月七日までに各局課に送付する。

四　各局課における歳出概算書の作成（第八条）

各局課は、陸相の決裁を受けた歳出概算増減額計算書に基づき、その範囲内で送付を受けた日から一〇日以内に歳出概算書を作成し、経理局に提出する。

五　経理局主計課における歳入歳出概算書の作成と大蔵省への提出（第九条）

受領した歳出概算書等に基づき、歳入歳出概算書を作成し、五月三一日までに陸相から大蔵大臣（以下「蔵相」と略）に送付する。[7]

ここまでが陸軍省内での予算案編成の流れである。陸軍省各局課が作成した歳出概算増減額計算書（歳出予算案）を、経理局主計課と軍務局軍事課予算班が査定した上で、陸軍省としての歳出概算書を作成している。読者には意外かもしれないが、各局課の要求をそのままとめて提出する訳ではない。大蔵省に提出する前に、陸軍省として一度査定するのだ。なお、これは現在でも同様である。各自衛隊の中で審査を経た予算案を、防衛省大臣官房会計課予算班が精査した後、財務省へ予算要求している。

軍務局軍事課予算班経験者によれば、兵器局から出してくる要求などは、特に良く精査する必要があったという。動員部隊の兵隊二名が、三八式歩兵銃を三丁担ぐような要求を平気であげてくる。また、軍楽隊を動員した時など、動員兵器は吹奏楽と規定されているにもかかわらず、兵器表を調べるとなぜか不要なヴァイオリン等がしっかり含まれているという次第だ。「一事が万事、何でもゴタゴタに際し、もうけられるだけはもうけておこうという考えが随所にあ」り、「こういうのを相手に何年かたつと目も肥えるが、人も悪くならざるを得な」かったようである。[8] 要は、油断も隙もなかったということだろう。

次に「③大蔵省の各省概算査定と歳入出総概算書の調製」のステージとなり、陸軍省VS大蔵省のバトルを経ることになる。そして、「④予算閣議の開催、歳入出総概算の決定」

により予算案が確定すると、陸軍省でも次の動きに移行する。

六　各局課における予定経費要求書等の作成（第一二条）
予算閣議で決定した歳出概算額に基づき、各局課がその概算額内で予定経費要求書、予定経費要求書各目明細書を作成し、七月三一日までに経理局に提出する。

七　経理局主計課における予定経費要求書等の作成と大蔵省への提出（第一三条）
経理局主計課において六を取りまとめ、陸軍省としての予定経費要求書、予定経費要求書各目明細書の他、歳入予定計算書等を作成し、陸相より八月三一日までに蔵相に提出する。[9]

7　陸軍大臣官房『陸軍成規類聚　第三巻／第七類　会計　経理　その一』「第二款　予算」JACAR［アジア歴史資料センター］
8　西浦進『昭和戦争史の証言』原書房
9　陸軍大臣官房『陸軍成規類聚　第三巻／第七類　会計　経理　その一』「第二款　予算」JACAR［アジア歴史資料センター］

七が「⑤予定経費要求書等の提出と歳入予算明細書の作成」の前半に対応する。そして、歳入予定計算書を基に大蔵省が歳入予算明細書を作成し、「⑥大蔵省の歳入歳出総予算作成と閣議提出、上奏裁可」に至る訳だ。[10]

以上が、法規に規定する予算編成の流れである。

軍務局軍事課へは「行かぬがよい」

法規に基づく予算編成に関する規定がオモテとすれば、ウラには陸軍省官制に規定する経理局主計課と軍務局軍事課の関係がある。予算編成は規定上、経理局主計課が所管している。しかし、実際は、経理局主計課と軍務局軍事課が車の両輪の如く、二人三脚で予算要求を行っていたのである。

陸軍省官制によれば、明治三六年四月に経理局主計課が置かれ、「陸軍総予算、決算報告及動員計画に係る予算纂輯《さんしゅう》（編纂の意―引用者）に関する事項」を所掌の一つとしていた。これが昭和一一年七月に「予算及決算に関する事項」になっている。この際、軍務局軍事課の所掌に「陸軍予算の一般統制に関する事項」が加わり、二課が携わることが明確化された。また、この陸軍省官制の改正以前から軍事課が予算の統制業務を行っていたことが明らかになっている。[11]

次の図表2に示す昭和一二年度陸軍予算編成基礎要綱の起案は、軍務局軍事課予算班である。経理局主計課の歳出予算の方案（方針）とは別に、予算編成（基礎）要綱を作成していることから、軍務局軍事課予算班も予算に対して大きな権限を有していたことが理解できよう。一二年度陸軍予算編成基礎要綱の解説の中で、主に次のような趣旨が述べられている。

軍備充実に関しては、内外情勢における、画期的な国防の強化と充実が必要との判断に基づき、先に提示された参謀本部の軍備充実案に対し、軍政的見地から可能の範囲を検討して、陸軍省の対案を定めている。ここでいう軍政的見地から可能の範囲を検討とは、国の財政状態を勘案し、大蔵省が容認できる常識的な程度まで要求を抑え込むことを指していると思われる。そして、陸軍省の対案を基に省部間（陸軍省と参謀本部間）で折衝中であるとしている。[12]

10　大前信也「陸軍における政策形成の構図（Ⅰ）―制度的枠組みと慣行―」『政治経済史学』第５０４号
11　大前信也「陸軍における政策形成の構図（Ⅱ）―制度的枠組みと慣行―」『政治経済史学』第５０５号
12　陸軍省軍事課「昭和十二年度陸軍予算編成基礎要綱ノ件」ＪＡＣＡＲ［アジア歴史資料センター］、陸軍省軍事課「昭和十三年度予算編成要綱ニ関スル件」ＪＡＣＡＲ［アジア歴史資料センター］

図表2　予算編成要綱

昭和11年4月14日

昭和12年度陸軍予算編成基礎要綱

一、兵備に関しては左の要領による。
（一）　あらたに軍備、とくに在満兵備および航空防空の画期的充実およびこれに要する要員の養成、その他付随的施策の拡充を行う。
（二）　既定計画、航空防空緊急充備予算の範囲内で航空の新態勢に即応するような改編を行う。
（三）　作戦資材の整備は、昭和11年度成立予算を実行するだけにとどめ、あらたな増加又は追加の要求は行わない。
（四）　既定兵備中、削減整理について検討する。
二、その他の緊急新規事項に関しては左の要領による。
（一）　既定計画兵備の従来の単価、その他の既定経費について、画期的な削減整理を行う。
（二）　既定計画の兵備改善、資材整備等に伴う軍政的事項の修正はこれを行わないこととし、緊急やむを得ないものは既定予算額の範囲内で修正する。
（三）　その他の一般新規事項は真に緊急やむを得ないもののみに限る。

昭和12年4月15日

昭和13年度陸軍予算編成要綱

昭和13年度予算は左記方針によりこれを編成するものとする。
一、兵備に関しては昭和12年軍備充実計画中の13年度に対応する既定計画を実行するものとする。
二、前項既定計画中、特に改編修正を加える必要のあるものは昭和13年度予算として決定（大蔵省と了解済のものを含む）した総額の範囲内において、専ら科目の組替あるいは部局間の融通等によりこれの遂行に努めるが、このために特に新たな予算の増加、繰上等は行わないものとする。
三、一般新規事項は、従来その趣旨を認められていても経費の関係上いまだ実現するに至らない事項を主とし、真に緊急やむを得ないもののみに限る。

この文言から分かるように、軍務局軍事課予算班のメイン業務は、作戦上の必要性から過大な要求を上げてくる参謀本部との査定を含めた折衝であった。また、教育総監部の要求に対する折衝も、軍務局軍事課予算班の仕事だった。現に、昭和一六年三月から軍事課予算班員を務めた加登川幸太郎は「こと参謀本部や教育総監部がからむとなると軍事課が仲介せざるを得ない」と述べている。[13]

これは、「軍事予算の統制は軍事専門の知識を持った人が大局的に判断することが特に必要」であると考えられたためである。[14] 経理局主計課は、経理部将校の集まりであり、経理的センスは兵科将校より優れていても、軍事知識は遠く及ばない。そのため、作戦上の見地から予算を要求してくる参謀本部に対しては、軍事課予算班の軍事知識を有する兵科将校が対処する必要があったのだ。

ただ、昭和七年三月から一二月まで軍事課予算班員で、昭和一二年八月から昭和一四年三月まで軍事課予算班長を務めた西浦進は、陸大を卒業した当時の連隊長から、「中央部へ行っても、軍事課という処は大変なところだから、あんなところへは行かぬがよい、仮

13　加登川幸太郎『陸軍の反省（上）』文教出版
14　大前信也「陸軍における政策形成の構図（Ⅱ）―制度的枠組みと慣行―」『政治経済史学』第505号

に軍事課へ行っても予算だけはやるなよ、予算をやった人は、どれもこれも末路芳しからぬものばかりだ」と折に触れて言われていたという。[15] 陸軍省人事課や参謀本部、教育総監部から予算に関する恨みを買うと、人事その他で報復されることを指している。それだけ、予算担当者は一生懸命仕事をしていた証明だろう。

もっとも、文献を読んだ限り、昭和期に入ってからの予算担当は、戦死した者もいるが、西浦以降はだいたい順調に出世しているようである。これは、平時と戦時の違いかもしれない。

軍刀で脅されたのちの首相

それでは、予算要求で迎え撃つ側の大蔵省は、どのような対策を立てていたのだろうか。大正九年以降、大蔵省で主計官、主計局長、理財局長を歴任し、近衛内閣で蔵相も務めた賀屋興宣は、後年次のように語っている。

> われわれ主計局当事者のやる方法は、予算の要求があると、その計画内容の不合理、弱点をつくというようにしたのです。それにはこちらで軍事費について意見を持ってお

らなければならないわけです。そのためこちらではひとりが何年もかかって予算を検討する。計数の背後にあるものを研究した。大蔵省では、ひとりが長年それらの事項を審査しているが、先方では時々人が替わる。それで前後の考え方に矛盾が出てくる。そんなことで、先方の内容の不合理あるいは非能率、矛盾というものをつきうる余裕が出てくる。これによって先方を悩ますことができる。これはなかなか有効であった。[16]（傍点――引用者）

実際、大蔵省の主計官は、後述する福田赳夫のように相当長い期間を担当するのが普通だったようである。十分に相手のことを研究しつくした主計官が、要求の矛盾点や不合理な点を突く。これ以上に有効な方法はあるまい。これに対し、陸軍省は、二年前後のサイクルで異動していたはずなので、経験が蓄積されない。大蔵省はかなりの難敵だったであろう。

この他にも、要求単価、つまり陸海軍の製鉄会社との契約単価と市場単価を研究し、そ

15　西浦進『昭和戦争史の証言』原書房
16　大蔵省大臣官房調査企画課『大蔵大臣回顧録〈昭和財政史史談会記録〉』大蔵財務協会

の不合理を突いたこともあるという。そして、「相当先方（軍―引用者）が理論的に実際的にひるむところをこっち（大蔵省―引用者）から押して」いく。ただし、予算の大幅増加を防止するためには、要求の優先順位を主計官が見分ける眼力が必要であった。要求の強いものをある程度受け入れて相手を満足させ、そうでないものは十分に査定して妥結に持っていくのだ。そのバランス感覚が非常に重要であり、そうして「総額を相当程度でくい止めるということをねら」っていた。[17]

実際、主計局では当時の国力からみた適正予算を二三億円、最大で二五億円までと考えていた。しかし、予算の膨張を身を挺して阻止した高橋是清が二・二六事件の凶弾で倒れると、その箍《たが》がはずれ、予算は膨張する一方であった。昭和一一年度の予算（決算ベース）は二二億八〇〇〇万円（現在価値＝約一一兆四〇〇〇億円。当時の一円は現在価値に換算するとおよそ五〇〇〇円に相当する。以下同）だったものが、翌昭和一二年度には、なんと四七億四〇〇〇万円（約二三兆七〇〇〇億円）と倍以上に膨らんだのである。そして、昭和一九年度には、八五〇億円（約四二五兆円）という天文学的な数字になっている。[18]

昭和九年七月から約七年間にわたって陸軍省担当主計官を務めた、後の首相、福田赳夫も当事者のひとりだ。

陸軍省の要求は、組織がしっかりしているので整然と行われた。要求金額が大きいため、予算書も分厚くなり、一枚一枚はティッシュ並みに薄いものの、一年分を積み上げると福田の身長よりも高くなったという。また、「軍人からは軍刀で脅されたこともあれば、お世辞を言われたり、ネコなで声で丁寧に陳情された」こともあるという。[19]

　福田は陸軍を研究するため、積極的に軍事施設を視察している。特に満州は、新京、奉天、旅順、大連、東寧、綏芬河《すいふんが》、大同、密山、虎林、大黒河、勃利《ぼつり》、牡丹江、遜呉と幅広く視察している。また、北支は徐州会戦が峠を越えたところで出向き、列車での移動中に便衣隊（ゲリラ）の襲撃を受けている。そして、昭和一五年には日ソ両軍が対峙している樺太の国境を視察し、昭和一六年は日本軍が進駐したばかりのフランス領インドシナにも出かけている。[20]

　このように、要求する陸軍も必死だが、迎え撃つ大蔵省も死に物狂いだった。はからずも昭和一二年に日中戦争の勃発で、臨時軍事費特別会計になってからは、予算の箍がはず

17　大蔵省大臣官房調査企画課『大蔵大臣回顧録〈昭和財政史史談会記録〉』大蔵財務協会
18　鈴木晟『臨時軍事費特別会計』講談社
19〜20　福田赳夫『回顧九十年』岩波書店

れ、天文学的な数字となってしまったものの、お互い自己の責務を忠実に果たしていたのは事実であろう。

臨時軍事費特別会計は打ち出の小槌？

予算のリミッターを外した法案

軍事予算のなかでも、もっとも巨額で重要なのが、戦時に組まれる臨時軍事費特別会計だ。ここでは日中戦争に際して組まれた四度目の臨時軍事費特別会計がいかにして作られたかを見てみよう。これは、昭和一二年九月一〇日に公布された「臨時軍事費特別会計法」（昭和一二年法律第八五号）により始まった。この法律は、当初二条だけであった。

第一条　支那事変に関する臨時軍事費の会計は一般の歳入歳出と区分し事件の終局迄を一会計年度として特別に之を整理す

第二条　一般会計に属する陸海軍省所管の北支事件費及大蔵省所管の北支事件第一予備金並に其の財源に充つべき歳入は之を本会計に移し整理す[21]

21　内閣「御署名原本・昭和十二年・法律第八十五号・臨時軍事費特別会計法」ＪＡＣＡＲ「アジア歴史資料センター」

賀屋興宣蔵相は、この法案を提出した理由を概ね次のように述べている。

> 日支間の事変に関する経費は、先の第七一回帝国議会で当時必要と考えられた予算の協賛を得ている。しかし、その後、軍事行動の拡大に伴って多額の経費が必要となっている。そのため、この収支を一般会計と区別し、事変の終了に至るまでを一会計年度として経理を行う必要があるので、この法案を提出した次第である。[22]

臨時軍事費特別会計は、一般会計とは異なり、いずれも戦争の勃発から終結までを一会計年度として、不足分は追加予算で補われる。毎年決まった時期に議会に提出する予算案のようにあれこれ論難され、時として否決されることから免れるわけで、現に戦争を指導している政府・軍部にとっては便利このうえない制度だった。[23]

臨時軍事費特別会計以上に重要な法案が、このとき同時に公布されている。「支那事変に関する臨時軍事費支弁の為公債発行に関する法律」（昭和一二年法律第八四号）である。この法律は、条文がなく次のように規定されていた。

支那事変に関する臨時軍事費支弁の為政府は二〇億二二七〇万円を限り公債を発行し又は借入金を為すことを得

前項の規定に依る公債の発行価格差減額を補塡する為必要ある場合に於ては前項の制限以外に公債を発行し又は借入金を為すことを得[24]

昭和七年一一月より高橋是清蔵相の発案に始まった日銀の公債（国債）引受けを、臨時軍事費会計に適用するというものである。これにより、大蔵省は租税収入を全く気にすることなく、臨時軍事費特別会計予算を編成することが可能になった。一般会計であれば、租税収入と歳出をにらみ、不足分について公債を発行して帳尻を合わせなければならない。

22　内閣総理大臣公爵近衛文麿・貴族院議長伯爵松平頼寿・大蔵大臣賀屋興宣「臨時軍事費特別会計法ヲ定ム」ＪＡＣＡＲ［アジア歴史資料センター］

23　鈴木晟『臨時軍事費特別会計』講談社

24　内閣総理大臣公爵近衛文麿・貴族院議長伯爵松平頼寿・大蔵大臣賀屋興宣「支那事変ニ関スル臨時軍事費支弁ノ為公債発行ニ関スル法律ヲ定ム」ＪＡＣＡＲ［アジア歴史資料センター］

大蔵省は前述のとおり、この適正範囲を二三億円、最大で二五億円までとはじいていた。このリミッターを一気に外したのが「支那事変に関する臨時軍事費支弁の為公債発行に関する法律」だったのだ。

なお、現在は財政法第五条により、日銀の国債引受けは原則として禁止されている。理由は、中央銀行がいったん国債の引受けによって政府への資金供与を始めると、その国の政府の財政節度を失わせ、ひいては中央銀行通貨の増発に歯止めが掛からなくなり、悪性のインフレーションを引き起こすおそれがあるためとされる。[25] 財政法第五条は、おそらく臨時軍事費特別会計の教訓から生まれたのだろう。

これら二つの法律により、臨時軍事費予算は、図表3のとおりとなった。最終的な累計額は、二二一九億二五〇〇万円（約一一〇九兆六二五〇億円）である。このように天文学的な数字まで軍事費予算は膨張し続けたのだ。

また、臨時軍事費の公債発行枠は、図表4のとおり順次拡大し、最終的には枠が廃止されて必要額だけを発行できるようになった。

25　日本銀行HP

図表３　臨時軍事費成立予算額

項目	歳出	衆議院提出日	衆議院可決日	貴族院可決日	公布日
北支事件費	９５００万円	昭和12年７月27日	昭和12年７月28日	昭和12年７月29日	昭和12年７月29日
同上追加	４億１２００万円	昭和12年８月６日	昭和12年８月７日	昭和12年８月10日	昭和12年８月10日
臨時軍事費	20億２３００万円	昭和12年９月４日	昭和12年９月７日	昭和12年９月８日	昭和12年９月10日
第一次追加	48億５０００万円	昭和13年２月28日	昭和13年３月８日	昭和13年３月12日	昭和13年３月23日
第二次追加	46億５０００万円	昭和14年３月２日	昭和14年３月９日	昭和14年３月13日	昭和14年３月20日
第三次追加	44億６０００万円	昭和15年２月１日	昭和15年２月22日	昭和15年３月15日	昭和15年３月26日
第四次追加	10億円	昭和16年１月24日	昭和16年１月28日	昭和16年１月30日	昭和16年２月８日
第五次追加	48億８０００万円	昭和16年２月１日	昭和16年２月６日	昭和16年２月15日	昭和16年３月５日
第六次追加	38億円	昭和16年11月16日	昭和16年11月17日	昭和16年11月18日	昭和16年11月22日
第七次追加	28億円	昭和16年12月16日	昭和16年12月16日	昭和16年12月16日	昭和16年12月17日
第八次追加	１８０億円	昭和17年１月26日	昭和17年１月27日	昭和17年１月29日	昭和17年２月12日
第九次追加	２７０億円	昭和18年２月８日	昭和18年２月９日	昭和18年２月10日	昭和18年３月４日
第十次追加	３８０億円	昭和19年１月24日	昭和19年１月25日	昭和19年１月27日	昭和19年２月15日
第十一次追加	２５０億円	昭和19年９月７日	昭和19年９月８日	昭和19年９月９日	昭和19年９月13日
第十二次追加	８５０億円	昭和20年１月26日	昭和20年１月27日	昭和20年１月28日	昭和20年２月１日
合計	２２１９億２５００万円				

注　金額中、１００万円以下は引用者が四捨五入している。
出所）鈴木晟『臨時軍事費特別会計』講談社。なお、引用者が一部修正。

図表4　臨時軍事費の公債発行枠一覧表

法律名	番号	公布年月日	公債発行枠	現在価値換算
支那事変に関する臨時軍事費支弁の為公債発行に関する法律	法律第84号	昭和12年9月10日	20億2270万円	約10兆1135億円
〃　改正	法律第24号	昭和13年3月23日	64億7620万円	約32兆3810億円
〃　改正	法律第17号	昭和14年3月20日	104億30万円	約52兆15億円
〃　改正	法律第5号	昭和15年3月26日	140億7420万円	約70兆3710億円
〃　改正	法律第1号	昭和16年2月8日	150億7180万円	約75兆3590億円
〃　改正	法律第33号	昭和16年3月5日	190億4900万円	約95兆2450億円
〃　改正	法律第89号	昭和16年11月22日	226億1900万円	約113兆950億円
〃　改正	法律第95号	昭和16年12月17日	254億1900万円	約127兆950億円
〃　改正	法律第3号	昭和17年2月12日	394億1950万円	約197兆975億円
大東亜戦争に関する臨時軍事費支弁の為公債発行に関する法律	法律第9号	昭和17年2月18日	支那事変から大東亜戦争への名称変更	―
〃　改正	法律第8号	昭和18年3月4日	金額の枠を取り払い、必要額を発行可能に	―
〃　廃止	勅令第110号	昭和21年2月28日	昭和12年法律第84号の廃止	―

ルーチン化された要求

それでは、実際の臨時軍事費予算の積算はどのように行われていたのだろうか。昭和一五年一一月二七日に陸相から蔵相に送付された、「陸軍臨時軍事費追加概算書」（昭和一六年度用）を発見したので、ここから当時の積算方法等を見ていこう。[26]

起案用紙を確認すると、起案課が経理局主計課で、連帯課（今の会社だと稟議先）が軍務局軍事課となっている。予算の概算書にもかかわらず、決裁権者は陸相ではなく、次官委任となっている。

陸相には、蔵相への送付前に説明しているのだろうが、臨時軍事費の予算要求を完全にルーチン化してしまったようである。一般会計の予算要求時には、陸相や次官、政務次官、局長等を含めた省議を開催していたものが、随分と簡略化されている。要求すれば、確実に議会の協賛を得られるため、このようにしたのだろうか。

昭和一六年度の陸軍臨時軍事費特別会計の予算概算額は、総額二七億九〇四二万四〇〇

26　陸軍省主計課「陸軍臨時軍事費追加概算書送付ノ件」ＪＡＣＡＲ［アジア歴史資料センター］

〇円（約一三兆九五二一億円）であった。これは、在支関係（日中戦争関係費）が二一億二二四二万一〇〇〇円（約一〇兆六一二一億円）、在満関係（関東軍関係費）が六億三二七二万三六八六円（約三兆一六三六億円）であった。これらに、物価騰貴分の加算額九九〇九万一一円（約四九五四億円）、計画更改等による減算額六三八一万七二六円（約三一九〇億円）が増減される。結果として、合計金額が二七億九〇四二万三九七一円となり、一〇〇〇円未満を四捨五入して総額二七億九〇四二万四〇〇〇円の要求になる。

　ただ、先ほどの図表3を見ると、おそらくこの昭和一六年度予算概算額は、第四次追加に該当すると考えられる。この第四次追加で成立した予算額は一〇億円（約五兆円）だから、約三六％しか容認されなかったことになる。残りの六四％にあたる一七億九〇四二万四〇〇〇円（約八兆九五二一億円）は、発行枠の関係から切られたのだろうか。その後、関特演や南部仏印進駐、そして太平洋戦争の開戦があったことから、第五次から第七次まで追加され、合計一一四億八〇〇〇万円（約五七兆四〇〇〇億円）が予算化されている。

　在支部隊の維持費に関する算出明細は、図表5のとおりだが、なんと、一人あたりの単価は、二五四八円（約一二七四万円）である。この単価は、科目ごとに実際の使用額を積み上げ、それを在支人員数で割ったものと思われる。一度算出すると、新たに動員された

図表5　在支部隊維持費予算算出明細書

科　　目	単価（円）		兵力（万人）	計（円）
陸軍臨時軍事費	2,548	536		1,870,456,574
人　件　費	324	931		220,303,218
俸　給	257	324		174,465,672
旅　費	36	418		24,691,404
傭　給	28	511		19,330,458
諸手当	2	678		1,815,684
物　件　費	2,223	605		1,650,153,356
需品費	111	005		75,261,390
郵　便 通信費	37	516		25,435,848
糧秣費	402	026		272,573,628
被服費	315	076		213,621,528
兵器費				
地上	814	229	67.8	552,047,262
航空				142,549,166 （算出別紙の通り）
馬匹費	57	348		38,881,944
演習費	5	411		3,668,658
患者費	39	645		26,879,310
運輸費	376	053		254,963,934
築造費	24	933		16,904,574
接待費	0	990		671,220
雑　費	39	133		26,532,174
軍用鳩 諸　費	0	120		81,360
軍用犬 諸　費	0	120		81,360

備考　1、兵力量算定はP70の「付録1」を参照。
　　　2、航空兵器費算出はP46の「図表6」を参照。
出所）陸軍省主計課「陸軍臨時軍事費追加概算書送付ノ件」JACAR［アジア歴史資料センター］

人数に各科目単価を合算した維持費単価を掛ければ、要求額が直ちに算出できる優れものである。ただしこの方法は、概算による簡便法のため、大蔵省の担当が替わった際に（おそらく福田赳夫が課長に転出した後）、認められなくなっている。[27] 法規に規定されていない部分に関しては、今も昔も担当者の裁量次第ということだ。

この維持費単価で大きな割合を占めるのが、俸給二五七・三二四円（約一二八万円、一〇・一％）、糧秣費四〇二・〇二六円（約二〇一万円、一五・八％）、地上兵器費八一四・二二九円（約四〇七万円、三一・九％）、運輸費三七六・〇五三円（約一八八万円、一四・八％）である。これらで、合計約一八五〇円（約九二五万円、七二・六％）となる。意外に感じるのが運輸費の大きさではないだろうか。これは糧秣、兵器類の輸送費、いわゆる物流費である。糧秣廠《しょう》や兵器廠から港までの貨物列車輸送、港から中国までの船舶による輸送、そして港から貨物廠等までの貨物列車輸送、さらに部隊までの貨物列車や自動貨車（トラック）、荷馬車を使った輸送がある。また、部隊が出動する際、事前に輸送契約を結ぶと出動が察知されることから、秘匿のため直前に輸送契約を結ぶことが多かった。そのため、どうしても輸送費が高くなったようである。結果として、運輸費が維持費中の約一五％を占めることになった。

そして、この維持費単価に掛ける在支兵力六七万八〇〇〇人（図表5参照）は、本章末の付録1のように算出していたので、興味がある方はそちらを参照してほしい。

一万人の兵に対して航空機は二・三機

この他、在支部隊維持費で目を引いたのは、図表6にある航空の兵器費である。一個中隊あたりの定数は、「司偵（司令部偵察機：戦略偵察を担当）」、「軍偵（軍偵察機：戦術偵察を担当）」「直協（直接協同偵察機：戦術偵察および対地支援を担当）」、「軽爆（軽爆撃機：爆撃を担当）」、「重爆（重爆撃機：爆撃を担当。軽爆よりも爆弾搭載量が大きい）」が九機、「単戦（単座戦闘機：制空戦闘等を担当）」では一二機であった。定数上、直接戦力となるのは、単戦が四八機、軽爆が四五機、重爆が五四機の合計一四七機である。広大な中国大陸に対して、在支兵力が六五万人いるにもかかわらず、直接戦闘を行う航空機は、わずか一四七機である。一万人あたりに直すと、二・三機だけである。いかに航空機の数が少なかったかが実感できるのではなかろうか。これでは充分な対地支援を提供できないだろう。

27　西浦進『昭和戦争史の証言』原書房

図表６　航空兵器費（燃料を含む）算出明細書

単位：円

中隊区分	中隊数	中隊単価	兵器費計	燃料費 中隊単価	燃料費計	合計
司　偵	2	5,004,822	10,009,644	455,090	910,180	
軍　偵	2	2,282,378	4,564,756	455,090	910,180	
直　協	1	2,366,364	2,366,364	234,179	234,179	
単　戦	4	3,135,990	12,543,960	426,114	1,704,446	
軽　爆	5	7,389,092	36,945,460	758,117	3,790,585	
重　爆	6	7,114,185	42,685,110	980,717	5,884,302	
計			109,115,294		13,433,872	122,549,166
爆弾類						20,000,000
合　計	20		109,115,294		13,433,872	142,549,166

出所）陸軍省主計課「陸軍臨時軍事費追加概算書送付ノ件」属表1、JACAR［アジア歴史資料センター］

また、中隊単価で軽爆と重爆が高いのは理解できるものの、司偵が次いでいる。同じ偵察用途の軍偵と比較すると、軍偵の約二三〇万円（約一一五億円）と司偵の約五〇〇万円（約二五〇億円）で二倍もの差がある。この差が生じた理由も非常に気になる部分である。

今回の臨時軍事費概算額中、在支関係の「その他」には、南方作戦準備資材費が含まれている。これは、昭和一五年八月に準備して前送した資材の補塡費である。内訳は、糧秣費が四五〇〇万円（約二二五〇億円）、患者費が三〇〇万円（約一五〇億円）であった。この他に約五〇〇〇万円（約二五〇〇億円）かかっているが、こちらは現有の資材整備費から支出している。南方作戦準備だけで、約九八〇〇万円（約四九〇〇億円）もかかっていることになる。なお、ここでいう南方作戦は、時期的に昭和一五年九月の北部仏印進駐を指しているのではないか。昭和一六年七月の南部仏印進駐は、同月に御前会議を経ていることから、一年も前に前送することはないと思われる。これらの糧秣費と患者費の内訳が図表7と図表8である。

これらのトン数を合計すると、約四万六〇〇〇トンという膨大な量になる。一五トン積みの貨車だと約三一〇〇台である。いかに戦争が物資を消耗するかが理解できるだろう。その糧秣中、馬糧の大（燕）麦が約一万二〇〇〇トンで、約二六％も占めている。この数字から、いかに馬が輸送力として重視されていたかが分かる。

単価で見ていくと面白いのが、缶詰肉と味噌、砂糖である。携帯缶詰肉と尋常缶詰肉の差は、容量の違いだけである。携帯缶詰肉が一個一五〇グラム、尋常缶詰肉が一個四五〇グラムとなっていた。一トンあたり五〇〇円（約二五〇万円）の差がついているのは、缶詰の数による鉄の消費量と作業工賃の違いだろうか。

味噌は、一トンあたり携帯味噌が一二三〇円（約六一五万円）に対し、粉味噌が七六〇円（約三八〇万円）で、四七〇円（約二三五万円）の差となっている。現在の味噌は五〇〇グラムあたり三〇〇円が相場で、一トンあたり六〇万円である。粉にする手間や個別梱

図表７　南方作戦用糧秣整備費算出明細書

品目	単位	数量	単価（円）	金額（円）
乾パン	t	5,700	800	4,560,000
圧搾口糧	〃	650	850	552,500
携帯缶詰肉（乾燥肉共）	〃	1,730	2,000	3,460,000
携帯味噌	〃	370	1,230	455,100
携帯砂糖	〃	110	980	107,800
携帯食塩	〃	110	1,010	111,100
携帯燃料	〃	650	920	598,000
栄養食	〃	500	3,800	1,900,000
圧搾馬糧	〃	2,550	180	359,000
精米	〃	6,000	330	1,980,000
尋常缶詰肉	〃	3,880	1,500	5,820,000
塩干魚	〃	1,880	900	1,692,000
粉醬油	〃	1,400	1,100	1,540,000
酢、ソース	kℓ	200	350	70,000
粉味噌	t	1,600	760	1,216,000
乾物類（乾燥野菜共）	〃	3,700	950	3,515,000
梅干	〃	870	460	400,200
漬物類	〃	435	400	174,000
砂糖	〃	77	310	23,870
食塩	〃	400	70	28,000
香辛料	〃	56	780	43,680
茶	〃	95	890	84,550
甘味品	〃	690	750	517,500
果実缶詰	千個	1,920	300	576,000
酒類	kℓ	350	3,000	1,050,000
煙草	百万本	564	3,500	1,974,000

ビタミン補充食	t	200	7,200	1,440,000
主要患者食	千人分	150	355	53,250
ビール	千本	500	230	115,000
サイダー	〃	1,800	170	306,000
大（燕）麦	t	11,910	170	2,024,700
馬糧用食塩	〃	83	60	4,980
防湿用携帯口糧袋	千枚	500	800	400,000
航空加給品	千人分	30	1,000	30,000
自動車部隊加給品	〃	600	1,000	600,000
要塞戦備用	師団分	200	20,000	4,000,000
輸送間用糧秣	千人分	3,000	1,000	3,000,000
	千頭分	240	1,100	264,000
計				45,046,230

出所）陸軍省主計課「陸軍臨時軍事費追加概算書送付ノ件」JACAR［アジア歴史資料センター］

包するにしても、高すぎるような気がする。読者の皆様はいかがであろうか。

砂糖は、一トンあたり携帯砂糖が九八〇円（約四九〇万円）に対し、通常の砂糖が三一〇円（約一五五万円）である。差が六七〇円（約三三五万円）であり、携帯品の方が通常品の三倍以上だ。味噌の差が約一・六倍なのにもかかわらず、砂糖では三倍以上になっている。なぜ、砂糖ではこのような差が生じているのだろうか。ちょっとした謎である。

患者費は、金額のみで各品目の数量が不明である。九八式衛生濾水機は、石井式濾水機の後継機だ。この石井式濾水機は、かの悪名高き関東軍防疫給水部（七三一部隊）の石井四郎中将が開発した。また、表にあるプラス

図表８　南方作戦患者費算出明細書

品目		金額（円）
九八式衛生濾水機		755,506
毒蛇治療器		195,000
防蚊膏		116,738
プラスモヒン錠		480,000
塩規錠		417,600
アテプリン錠		90,000
浄水液		67,500
ビタカンフル液		58,800
スルファミド錠		13,125
防水布		14,280
ガーゼ		43,750
木綿		30,000
巻包帯	一号	17,100
	二号	82,600
	三号	11,690
除毒包		50,000
其他薬品類		556,311
合計		3,000,000

出所）陸軍省主計課「陸軍臨時軍事費追加概算書送付ノ件」JACAR［アジア歴史資料センター］

モヒン錠とアテプリン錠は、マラリア薬である。マラリアの特効薬であるキニーネよりも効果が高い薬品だったようで、これを陸軍が事前に準備していたのは、ちょっとした驚きであった。ただ、戦史を読む限りマラリア薬は常に不足していたので、十分に行き渡らなかったのではなかろうか。ビタカンフル液は強心剤、スルファミド錠が抗てんかん薬である。事前準備品に、なぜこのスルファミド錠が入っていたのかが謎である。他の用途があったのだろうか。ご存じの読者がいたらぜひご連絡頂きたい。

一方で、麻酔薬や止血剤、消毒薬といった外科的に必要な薬品が一切含まれていない。その他の薬品類に含まれていたのかどうか。見る限り、包帯等はあるものの、戦闘を前提とせず、駐留に必要なマラリア対策が主のようである。糧秣費に比較して患者費の額が適当だったのかどうか、検討が必要だろう。

また、同じく臨時軍事費概算額中、在支関係の「その他」には、一時賜金《しきん》も含まれている。これは国から支払われる戦死者等に対する弔慰金などであり、予算額が五三〇〇万円（約二六五〇億円）であった。そのうち公債分が四三〇〇万円（約二一五〇億円）、現金分が一〇〇〇万円（約五〇〇億円）だ。

公債分の算出方法は、昭和一二年七月から一五年九月までの死亡者一三万四三二三人に支払われた賜金約一億九〇〇〇万円について、まず一人あたりに換算する。金額を人数で割れば、一人あたり一四一七円（約七一〇万円）となる。昭和一五年一〇月から一七年一月までの死亡見込み数の五万四一一二人（三三八二人×一六ヵ月）に、一四一七円を掛けると、約七六〇〇万円となる。よって、一億九〇〇〇万円＋七六〇〇万円－支出済額七三

○○万円－公債予算済額一億五○○○万円＝四三○○万円である。なお死亡見込人員数は、昭和一四年一○月から昭和一五年九月までの死亡者四万五八九九人÷一二ヵ月＝三三八二人で算出している。

現金分は、退営賜金、死亡賜金、特別賜金、航空勤務遭難者保護賜金、転免役賜金について、それぞれ昭和一二年七月から昭和一五年八月までの支払実績から、一ヵ月あたりを算出し、それに一二を掛けて年額としている。結果として、約一二○○万円となるが、査定して一○○○万円としている。以上のように、一時賜金の算出は、人の生き様に全く関係なく、人を数字として扱う冷徹なものであった。予算の算出方法の冷たさを垣間見た気分はいかがだろうか。この他に遺族恩給がつくので、戦死者一名あたりのコストは一体いくらになったのだろう……。

最後に機密費。全く内訳がなく、一金、一八○○万円（約九○○億円）だけである。さすがというべきか、この金額に関しても一切不明だ。この患者費の六倍にものぼる一八○○万円は、一体どこに消えたのだろうか。

関特演という壮大な無駄遣い

問題は軍隊の数ではなく質

実際の戦争ではないが、それに匹敵するほどの大規模な軍事行動となったのが、関東軍特種演習、通称「関特演」だ。軍事作戦やそれにともなう防諜面からの考察が多く、経理面から記述した論考がほとんどないことから、その実態を明らかにしたい。一言でまとめると、昭和一六年七月に陸軍が開始した対ソ戦準備である。昭和一六年六月二二日にドイツが独ソ不可侵条約を破ってソビエトと開戦し、破竹の勢いで進むドイツ軍の情報を得た参謀本部がまずいきり立った。ノモンハン事変の失敗もあり、これにより北方の安全を確保する好機と捉えた参謀本部がソ連との戦争準備に向けて、一気に邁進するのである。正確には暴走と言った方が良いかもしれない。そして、最終的に七月二日の御前会議による「情勢の推移に伴う帝国国策要綱」を受け、独ソ戦がこのまま日本にとって有利に進めば、ソ連に攻めこむ方針であった。そのため、開戦に向けて内地から満州の地に大規模な兵力と装備を集積したのである。

この集積規模がまた桁外れで、日中戦争を行っているにもかかわらず、第一陣として軍が直轄する砲兵、戦車、航空、輜重《しちょう》等の支援部隊の約五〇〇隊を動員している。その後、第二陣として在満州・朝鮮の一四個師団を臨時動員によって戦時編成の九割程度まで充足を上げ、そこへさらに内地の第五一および第五七の二個師団を送り込んでいる。この大動員により関東軍は、予算人員が約八五万名、馬が約二二万頭となっている。動員前における関東軍の兵力は、約三五万名と馬が約七万頭であったので、人員が約二・四倍、馬が約三・一倍に膨張したことになる。ただし人馬は相当増えたものの、直接的な戦力は一四個師団の戦時編成化（正確には戦時編成の九割程度）と二個師団の増援だけだった。そのため、人数ほど戦力が増加していない点に注意が必要である。

そして、この動員の事実を秘匿するため、関東軍は昭和一六年六月二六日関参一発第二二五四号を発出している。要は、ドイツ・ソ連の開戦に際し、ソ連との開戦準備を平時の事項と区別するため、「関東軍特種演習（関特演）」の秘匿名称を用いることを、御前会議の決定前に関東軍参謀長が宣言したのだ[28]。

陸軍では昭和一二年から軍備充実計画を進めていた。この計画では、地上兵力を戦時に四一個師団、航空兵力を一四二個中隊へと大幅に増強しようとしていたのである。その直後に日中戦争がはじまった訳で、戦力が消耗していくなかで軍備を充実させようという、かなり無謀なことを計画していたといえよう。今でこそ日本の生産力は世界のトップクラスだが、当時の日本におけるそれは貧弱であった。

そもそも部品の標準化という概念が希薄で、微妙な寸法の差が激しかった。特に叩いて形を成型する鍛造品は個体差が大きく、「芋鍛造」と呼ばれていたほどだ。そういった部品を製品に取り付けようとするのだから、すんなりとはまることは極めてまれである。そのため、熟練工が部品を万力で固定し、やすりで削って部品のすり合わせをして、職人技で組み合わせるのが普通であった（当時の工場の写真を見ると、どこかに必ず万力があるので注意して見てほしい）。だから、部品の互換性は全くないといって良く、万事がこのような状態であるから、生産量のアップや生産力の拡充も一筋縄ではいかなかったのである。

また、工作機械も生産力拡充のボトルネックであった。軍需品の製造には精密さが求められるが、精密な高級工作機械のほとんどが国産化しておらず、アメリカやイギリス、ドイツからの輸入に頼っていた。そのため、これらの供給が断ち切られると、生産力の拡充

28　関東軍「時局関係事項ノ秘匿称呼ニ関スル件」ＪＡＣＡＲ［アジア歴史資料センター］

が不能になってしまうアキレス腱を抱えていたのである。

そして、ノモンハン事変により陸軍軍備の欠陥が露呈した。実際にソ連軍と戦ってみて、戦車や野砲の威力、通信機に大きな瑕疵があることが白日の下にさらされたのだ。そのため、ノモンハン事変が昭和一四年九月に終了すると、その年の一二月に従来の軍備充実計画を修正、前述の地上兵力を四一個師団、航空兵力を一四二個中隊に整備する方針を、六五個師団・一六四中隊に拡大するとしたのである。この件について、戦時中に軍事課予算班で予算業務を担当した加登川少佐が、戦後に次のように書き記している。

> ノモンハンの教えたところは沢山あるが、「軍隊の質」が問題なのである。それなのに正面兵力の拡大のみを要求し、何故昔のままの装備の師団の数だけを増加しようとしたのであるか。
>
> 参謀本部は、軍備充実、拡大となると、いつでも正面軍備の増大をいい出すのである。戦略単位、師団の数が多いことを望むのである。だが旧兵備の師団を増加して古い兵器ばかり増産していたのでは、新兵備につながる新しい兵器が間に合う筈はないのである。「古い装備の部隊の増加」が「軍備充実」の中身であったかの感がある。地上部隊につ

いてのことだが、私はそう思っている。軍備充実をするというと古い日露戦争型、第一次大戦型の師団が出て来るわけである。[29]（傍点―引用者）

以上のように手厳しい。このような状態であるので、修正軍備充実計画を本当に実現しようとすれば、消耗を大幅に減らすしかない。そのため、泥沼化している中国大陸から兵力を削減する必要があった。当時の計画では、昭和一五年から一六年にかけて、まず在中国兵力八五万人から三五万人を削減し、五〇万人態勢にする。在中国（在支＋在満）兵力の維持費は、年間一人あたり約四五〇〇円（約二二五〇万円）であったので、三五万人×四五〇〇円で一五億七五〇〇万円（約七兆八七五〇億円）が節約できる勘定になる。そして、その浮いた分を使い、昭和一五年から昭和一七年にかけて修正軍備充実計画を実現する考えであった。このような状況下で、独ソ戦開始の報に接した参謀本部が、急遽「関特演」を計画したのである。まともな神経の持ち主であれば、現実を直視し、このような無謀な計画はたてないだろう。

29　加登川幸太郎『陸軍の反省（上）』文教出版

東条陸相のはしご外し

陸軍省としては、中国から三五万名を引き上げようとしている真っ最中のため、ソ連との開戦には反対であった。当たり前であろう。特に軍事課は、ドイツの進撃によりソ連が崩壊し、日本に有利な状況になったら、その時に開戦して一気に片をつければよいという「熟柿《じゅくし》主義（柿が熟して落ちるのを待つ）」であった。軍事課長の真田穣一郎大佐はこの方針を堅持しており、上司である東条陸軍大臣と軍務局長の武藤章少将も、この方針に同意していた。[30]

また、昭和一五年末の極東ソ連軍の戦力は、次のように推定されていた。狙撃三〇個師団、騎兵二個師団、戦車二七〇〇両、航空機二八〇〇機、総兵力七〇万である。

これに対して、参謀本部は次のように計画していた。八月上旬から中旬にかけて極東ソ連軍の三〇個師団が半減して約一五個師団となり、戦車二七〇〇両、航空機二八〇〇機が三分の一に減少した場合、九月初頭から攻め込むというものだった。

「攻撃三倍の法則」というものがある。攻める側は、最低でも防御側の三倍の兵力がないと勝てないという法則だ。しかし、在満州および朝鮮の日本陸軍が一四個師団だったのに対し極東ソ連軍が一五個師団なので、ほぼ一対一である。

なぜこのような戦力比で仕掛けようとしたのか。それは、極東ソ連軍の充足状況を応急派兵程度であり、戦力が日本軍の七割五分と想定していたからにほかならない。そこから一五個師団×〇・七五＝約一一個師団が相当と算出され、二倍の戦力を保有して迅速に撃破しようとしていた。そのため、最低二二個師団が必要であると参謀本部は判断していた。

もっとも、参謀本部の当初の構想は、内地の七個師団と中国の四個師団を動員し、対ソ戦力を二五個師団基幹（関東軍の当初戦力一四個師団＋一一個師団）としたうえで、そこに在中国の六個師団を転用して総予備とするものだった。三一個師団対一一個師団の約三対一で攻撃する計画であった。

そのような状況のもと、七月二日の御前会議で、独ソ戦がこのままドイツ有利に進めば、ソ連に攻めこむ方針が決定されたわけである。あとはどれだけの兵力を満州に送り込むかが焦点となる。そこで参謀本部と陸軍省が協議するのだが、議論は平行線をたどる。

参謀本部はまず、在満州と朝鮮の一四師団と内地からの二個師団、それに多数の軍直轄

30　防衛庁防衛研修所戦史室『戦史叢書　大本営陸軍部〈2〉』朝雲新聞社

部隊を動員しようとした。これに対して、陸軍省は在満州と朝鮮の一四師団と内地航空部隊および、一定数の軍直轄部隊の動員に同意したものの、内地二個師団と過度な軍直轄部隊の動員には反対であった。参謀本部第三課長（編制・動員担当）の中山源夫大佐が督促交渉に何回来ても、陸軍省の真田軍事課長は一歩も譲らなかったという。また、参謀本部第一部長（作戦、編制・動員担当）の田中新一少将に二度も呼びつけられ、割れるような大音声でどやしつけられても頑として引かなかったといわれる。この真田大佐は、小役人ではない相当骨のある軍人だったようである。なお、後に少将に昇任し、陸軍省軍務局長となり、最終的には第二総軍参謀副長で終戦を迎えている。

　この陸軍省との平行線に業を煮やした田中第一部長は、七月四日の夜に東条陸相を訪ね直談判に及んだ。真田軍事課長が同席したうえで、田中第一部長は「場合によっては武力を行使して北方問題を解決しようとするものが、たった一コ師団ぐらいの動員で、この大目的が果たせるかどうか、少しは統帥部の身にもなってもらいたい」と訴えたという。それを聞いた東条陸相は、それまで軍事課の案で良いと言っておきながら、なんたることか、それまでのことの一切を棚に上げ、参謀本部の案にあっさり同意してしまうのである。[31] これぞ日本のサラリーマンが定年まで最低一〜二度は経験する、上司の必殺「はしご外し」

である。真田軍事課長の無念さは、いかほどであったろうか。

開戦断念で押しつけられた責任

ここからは特に断りがない限り、加登川少佐の体験に基づく記述から、困難を極めた予算の後始末を見ていきたい。[32]

この大量動員に対して、船舶が新たに九〇万トン徴用され、満州の鉄道輸送能力の半分がこれらの輸送に使用されたという。動員は順調に進んだようだが、予算班にとって頭の痛い事態が勃発する。動員した将兵の兵舎が全くないことであった。南方地帯であればテント生活でしばらくの間はしのげるが、満州の冬は零下何十度という極寒の世界である。テントでの越冬は死を意味する。ただ、関東軍経理部の研究によれば、冬季でも一週間程度であればテント使用の行軍は可能だったようだ。もっとも、その後は、駐屯地に帰還しての休養期間が、同程度必要であったと思われる。土地、建物の予算関係を所掌する経理局建築課の主任者は、加登川少佐のもとへ日参し、状況を確認していた。しかしながら、

31　防衛庁防衛研修所戦史室『戦史叢書　大本営陸軍部〈2〉』朝雲新聞社
32　加登川幸太郎『陸軍の反省（上）』文教出版

加登川少佐のあずかり知らぬところで話が進んでいるため、何とも答えようがなかったという。

さて、動員が開始され、残すは開戦の決意のみとなった。しかし、そこからは当初の計画どおりに事が全く進まなかった。ソ連極東軍が予想を裏切りほとんど弱体化しないのである。そもそも、ドイツに攻め込まれているにもかかわらず、ドイツ軍正面への移動があまりなされない。狙撃師団は五個師団程度、戦車は三分の一程度、飛行部隊は約三〇中隊（約三〇〇機程度）位しか減少していない。

それもそのはず。この関特演に関する情報は、近衛文麿首相の側近の一人だった尾崎秀実《ほっみ》からリヒャルト・ゾルゲを通じ、クレムリン（ソ連共産党）に漏れていたからである。[33] 関特演に関する情報を得ていながら、極東ソ連軍の多数を転用して、日本に攻め込まれる隙を見せる大バカはいない。このような状況で日本が戦端を開けば、返り討ちに合うのは目に見えている。また、その間の七月二八日に日本軍は南部仏印に進駐を開始している。この結果、アメリカやイギリス、オランダ等から資産凍結や石油の全面禁輸措置を受けることになり、海軍の狼狽は相当のものだったようである。

結局、八月九日になり参謀本部は、ソ連との開戦を断念した。主な理由は、①ドイツが昭和一六年中にソ連を屈服させることは出来ない、②資産凍結や石油禁輸の影響により、対ソ作戦を優先的に行うことは無理であるとの判断に基づき今秋の開戦は放棄する、であった。ただ、あくまで今回は断念するが、今後の状況によっては再度挑戦するという含みを残していた。そのため、兵力の移動や物資の集積は中止せずに、そのまま続行している。御前会議からわずか一カ月で、一転して中止の決定である。参謀本部は、八月二〇日に田中第一部長が関東軍にこの件を伝えて一件落着した。しかし、これとは逆に、簡単に終わらなかったのが陸軍省だった。

参謀本部より「今年の対ソ戦は実施しない」との命令を受け取った関東軍から、「参謀本部からだけ人が来ても駄目だ。陸軍省から軍務局長が来て、軍政的事項の後始末をつけろ」と、もっともな要求が来たからである。[34] 要するに金を何とかしろということだ。現に大量の人馬や物資が満州の地へ集結中にもかかわらず、兵舎や馬小屋もなければ病院や病馬廠もない。関東軍から見れば、「お前らが勝手に送り込んできた大量の人馬の落とし前をどうつけてくれる?」であろう。至極もっともな話である。

33　防衛庁防衛研修所戦史室『戦史叢書　大本営陸軍部〈2〉』朝雲新聞社
34　加登川幸太郎『陸軍の反省（上）』文教出版

こんな筋悪の話に自ら飛び込む武藤軍務局長ではない。部下である真田軍事課長にお前が代わりに行ってこいと名代を命じている。これもサラリーマンだとちょくちょく経験する、上司の「面倒な仕事は部下に押し付けて逃げるの術」である。本来であれば松下勇三予算班長が関東軍に行って後始末をつけるべき話だった。しかし、局長が行くのであれば自分が行かなければならないが、今回は課長が行くからお前がお供をすべきであろうという妙な理屈で、同じように加登川少佐が人身御供にされてしまった。

真田課長が行く前に、まず予算の目途をつけなくてはならないため、加登川少佐が陸軍省の予算担任課の主任者全員を引き連れて関東軍のもとへ先発している。ちなみにこの予算担任課とは、それぞれの予算を分担所掌している課のことである。俸給等の人件費については経理局主計課が、兵器費は兵器局の各課が、衣糧費は経理局衣糧課が、衛生材料は医務局医事課が担任するというものである。この中にあって、軍事課は機密費と演習費を担任し、その配分で影響力を保持していた。

総勢二〇名近い一団が新京飛行場に到着すると、関東軍第一課高級参謀の田村義富大佐の直々のお出迎えである。この田村大佐は、加登川少佐が昭和一四年に北支那方面軍の新任参謀になった時の課長である。そのため、加登川少佐が頭の上がらない人物であった。

田村大佐は、昭和一一年から一三年にかけ予算班長や編制班長を歴任したことから、予算班の手の内を熟知している。その場で加登川少佐だけが拉致され、田村大佐の官舎に連れ込まれてしまった。そこで田村大佐は、妻の手料理と酒を勧めながら、次のように懇々と話したという。

　今度のことで、関東軍が本格的に作戦準備をすることは、軍政的にも大きな結果を招くので、梅津司令官も終始心配されて、「田村、大丈夫かナ」とたびたびいわれた。それに対して俺は、「もし関東軍の準備に不行届きのことがあったとなれば一大事ですから、思いきってやって下さい。陸軍省の方は必ず私が引き受けます」と言ってきた。明日以降、軍の各部からいろいろな要求が出るが、ここのところをよく加味して、後始末を十分にやってもらいたい。[35]

翌日から関東軍の予算要求に対する査定の開始である。なんと要求金額は、二一億円に

35　加登川幸太郎『陸軍の反省（上）』文教出版

のぼる膨大な金額だった。現在の貨幣価値に換算すると、約一〇兆五〇〇〇億円である。予算担当主任者全員に、「できるだけ削れ」という指示を出し、加登川少佐は関東軍の参謀を相手に孤軍奮闘を重ねた。「これはやめろ、これは認めない、これの注文は打ち切れないか、その場合何ほど弁償すればよいか」という調子であったという。[36] 意外に思われるかもしれないが、陸軍の契約も会計法等の各種法令に基づくため、陸軍側の理由による契約破棄の場合、損害賠償もきちんと支払わなければならなかった。

話を進めるうちに、どうも北満の各地で製造中の越冬用木炭の賠償が大きなウエイトを占めていることがわかった。参謀部各課と各部からの全要求について、万事この調子で手分けしてこなし、三日かけて二一億円の要求をなんとか一七億円（約八兆五〇〇〇億円）まで削減している。マイナス四億円で、現在ならば約二兆円の減額である。

ただ、加登川少佐や予算担当主任者が厳密に査定し容認したということは、裏を返せば、一七億円の支出を容認したということである。つまり、従来の臨時軍事費特別会計で認められた予算の他に、それだけの費用が必要ということになる。問題は後から来る真田課長が承認するかどうかにかかっている。実際、金額を聞いた真田課長は、「とんでもない」の一言であったという。[37] 確かに、課長の一存で容認できるような金額の桁数をはるかに超えている。この後、陸軍士官学校同期の真田課長と田村参謀が激論を戦わせ、最終的に軍政的処理の確実な実施（要はこの一七億円の支払いをなんとかする）を約束して陸軍省に戻っている。真田課長としては、相当頭と胃の痛い問題だったと思う。誠にお気の毒の一言である。

　加登川少佐は陸軍省に戻ると、課長のお供で大臣室に入り、東条陸相に報告したところ、「目の玉が飛び出るほど叱りとばされた」と振り返っている。東条陸相は指揮官としては失格かもしれないが、官僚としては大変優秀な能吏であったと思う。この一七億円という金額の意味を即座に理解し、「君たちは一体何をしていたんだ！　こんなに金を使わせて！」と叱りとばしている。[38] 加登川少佐からしてみれば、はるばる関東軍まで乗り込み、胃の痛い思いで値切れるだけ値切ってきた結果だ。もとをただせば、目の前にいる誰かが参謀本部の田中第一部長の口車に乗せられて、動員に賛成したがための無駄な出費ではないか。このように、上司が自分を棚に上げて怒るのも、サラリーマンの常である。

　ただ、戦争準備に邁進している関東軍司令官を、予算ごときでどうこうできるものでは

36〜38　加登川幸太郎『陸軍の反省（上）』文教出版

ない。この辺は、東条陸相自身、加登川少佐に当たりつつも、自分の迂闊さを呪っていたのかもしれない。

参謀本部の作戦部の人たちは、机の上でこれだけの無駄をやってのけた。そしてそれは全く彼らの責任にはならぬのである。誰にも叱られないのである。

参謀本部作戦課の人たちは、この無駄に召集した五〇万という壮年の男たちが、当時の日本の国力や経済、軍需はもとより民需の生産力に、どんな影響を与えたかと考えてみたことがあるだろうか。また今年だけでも九兆円という無駄金が結局は国民の肩にかかっていく。そして軍備充実にどう響くかということを考えたことがあるだろうか。[39]

非常に考えさせられる加登川少佐の心の叫びである。

この後、軍事課予算班は、関特演の後始末にてんやわんやであった。まず、前述のとおり兵舎がない。前線の部隊には、応急の三角兵舎（半地下式の木造兵舎）で何とか間に合わせ、後方は二段ベッドにして何とか押し込んでいる。また、病室を空けるため、前線近くの入院患者を青島や天津付近へ疎開までさせている。

しかし、太平洋戦争に向け、満州に集中した部隊も多数が南方に転用された。そのため、満州の地で越冬する部隊が予想より少なくなり、当初の心配は杞憂に終わっている。また、関特演で臨時軍事費特別会計予算の殆どを使い、一〇月の段階であと少しでなくなるのが目に見えてきたという。もっとも、太平洋戦争開戦に伴い、図表3に示したとおり、一一月二二日と一二月一七日に合計六六億円（約三三兆円）もの大金が追加されている。結果として、いつの間にか辻褄が合わされてしまったという。こうして、関特演という壮大な無駄遣いが太平洋戦争の影に隠れてうやむやとなり、いつの間にか忘れ去られてしまった。

39　加登川幸太郎『陸軍の反省（上）』文教出版

［付録1］　在支兵力の計算方法

一、基本の平均兵力　　六五万

二、附加兵力

1、初年兵入営の重複（六ヵ月）

A　入営兵員　　一五万

現地入営　　七万

内地入営　　八万

備考

イ　現地入営は北支（山西の部を除く）および中支の三角地帯の師団および軍直轄部隊とする。そして、現地教育は四ヵ月とし、爾後《じご》交代のため二ヵ月を要するので、現地入営兵の重複期間は六ヵ月とする。

ロ　内地入営兵は内地において四ヵ月教育を実施の上、これを交代する。そして交代のため二ヵ月を要することから、重複期間は六ヵ月とする。内地兵力を在支部隊兵力に換算する場合、予算的には四分の一とする。したがって内地入営兵の換算は、

八〇〇〇〇×（四÷一二月）×（一÷四）＝六七〇〇となる。

故に内地入営兵を在支兵力に換算する場合には、
八〇〇〇〇×（二÷一二）＋六七〇〇〇＝二〇一〇〇となる。

B　積算に用いる初年兵入営重複人員は、

a　七〇〇〇〇（現地入営）×（六÷一二）＝三五〇〇〇

b　八〇〇〇〇×（四÷一二）×（一÷四）＋八〇〇〇〇×（二÷一二）＝二〇一〇〇（内地入営）

c　a＋b＝五五〇〇〇となる。

2、補充交代（二ヵ月重複）

A　若年化　九万

六五万
- 幹部　一三万（※陸軍では、下士官と将校が幹部だった）
- 兵　四二万
  - 一三年入営　九万
  - 一四年入営　九万
  - 一五年入営　一五万
  - 古年次　九万

古年次兵九万を交代させる。

B　自然損耗　六万

実績に基づけば、大体兵力の一割が戦病および戦病死のため損耗する。

C　戦闘損耗　　　　三万

一六年も概ね一五年度程度の戦闘があるものと想定し、実績から三万名と見込む。

D　在支兵力に換算する予算人員は次の如し。

九〇〇〇〇＋六〇〇〇〇＋三〇〇〇〇＝一八〇〇〇〇

一八〇〇〇〇×（二÷一二）＝三〇〇〇〇

3、補充のための要員教育　三ヵ月

前項に示す補充人員一八万人を、内地において三ヵ月間、召集教育を行う。そのため、予算人員に換算する際は、

一八〇〇〇〇×（三÷一二）×（一÷四）＝一一二五〇　即ち、一万一〇〇〇人となる。

以上、これらから予定兵力として、基本兵力が六五万人、初年兵が五万五〇〇〇人、補充兵が三万人、内地での換算要員が一万一〇〇〇人、合計七四万六〇〇〇人を算出している。しかし、実際の単価に掛ける査定兵力は、基本兵力が六五万人、初年兵が二万八〇〇〇人、補充兵がゼロ、内地での換算要員がゼロで、六七万八〇〇〇人である。査定で大幅にカットするのであれば、別に予定兵力を細かく算出する必要もないのではないか。初めから六七万八〇〇〇人

ありきで計算し、査定で抑えているようにしか見えない。そして査定に直接関係ないが、まだこの時期は正式書類でもアルファベットを使っていたようである。まだＡＢＣを使っていても、問題視されなかったのだろう。

予定兵力の計算で筆者が一番驚いたのは、自然損耗である。さらっと記述しているが、過去の実績に基づけば、兵力の一割が戦病および戦病死するという。これは極めて重大な記述だと思う。通常、戦闘中に兵力の二割が損耗すれば、指揮系統が崩壊すると言われている。しかもこれは、実際の戦闘時における銃弾や砲弾による死傷を指している。この前段階で過去の実績上、一割損耗しているというのは、極めてひどい数字といえよう。何が原因でこのような実績になったのか、非常に気になるところである。図表５の患者費が一人あたり年間で三九・六四五円（約二〇万円）である。これが当時の水準で妥当なのかどうかも同様である。

第二章　経理から見た軍隊生活

食からみえる兵士たちの日常

一人あたり一日に六合

この章では、陸軍において何にどれくらいの費用がかかったのかを見ていこう。その主要な使い道は、食、衣、兵器、そして人件費だ。

陸軍の糧秣、被服、消耗品、陣営具に関する費用は、定額定量を各隊に交付し、その運用を隊長に委任するという、「委任経理」が基本であった。明治二三年三月に法律第二七号として定められている。[40]

多少古い話で恐縮だが、大正一四年度決算における陸軍省所管経常部の歳出を見ると、約一億七〇七六万円（約八五四〇億円）に対して、俸給が約五六二九万二〇〇〇円（約三三％）、衣糧費が約四四一五万一〇〇〇円（約二六％）を占めていた。給料と被服費および糧食費だけで、経常的に支出する額の約六〇％を占めていたのである。[41]

委任経理は、もともとヨーロッパの軍隊で発達した。当時は、軍隊を編制するにあたって、傭兵隊長が兵員の募集から食事の支給、兵舎の手当、給料の支払いまで一切合切を、国王から支給された資金で賄っていたのだ。その名残で、糧食や被服など、兵員一人あたりの定額を定め、年度当初に一括支給し、その運用を連隊長等に委任する制度が委任経理である。不足額が生じても補塡は一切ないため、何かにつけて余剰がでるよう工夫し、積立金を増やすのが各連隊の経理部将校の腕の見せ所であったといえる。

昭和七年度末における委任経理積立金の各連隊平均額を見てみると、歩兵連隊が六万三五三二円（約三億二〇〇〇万円）、騎兵連隊が一万一三〇九円（約五六六〇万円）、野砲兵連隊が二万八五三四円（約一億四三〇〇万円）、工兵連隊が一万七円（約五〇〇〇万円）、輜重兵連隊が一万五一四八円（約七五七〇万円）となっていた。[42] これらの積立金が、野菜や魚肉類の高騰時における不足額の補塡、あるいは連隊旗祭等の特別食代、はては出征時の戦用被服調達費に充当されたのである。

兵食を見ると、主食である米麦は、一日あたり精米が四合二勺、精麦が一合八勺であり、

40　内閣「御署名原本・明治二十三年・法律第二十七号・陸軍給与ニ関スル委任経理」JACAR〔アジア歴史資料センター〕

41　楠見一正「委任経理に就いて（下）」『経済論叢』第26巻第4号

42　安西理三郎『陸軍経理用語解』軍事学指針社

合計六合だった。なんと一日で食べるご飯の量は、ご飯茶碗で一二杯分である。現在と比較して、どれだけ大量のご飯を食べていたか驚くばかりだ。当時の白米は、誰でも食べられる商品ではなかったため、軍隊のメリットの一つが一日六合（白米と麦）も食べられるこの兵食であった。麦ごはんにしているのは、もちろん脚気予防のためである。

なお、図表9のようにグラム表記になったのは、昭和四年四月の陸軍給与令改正の際である。産地により米の密度が異なり、同じ合数でもグラムに差異が出るためと考えられる。同じ合数でも摂取カロリーが同一にならない不都合を解消するため、あえてグラム表記に改正したのだろう。[43]

そして、定量には入っていないものの、大正九年には、週一回はパン食を出し、漸次その食数を増やすように陸軍大臣より通達（陸普第二五二九号）が出されている。戦地で米がない場合でも、小麦が調達できる可能性が考えられるため、普段から兵にパンを食べさせて慣れさせておこうという趣旨である。[44]しかし、当時米よりも小麦の方が安く、パン食

43　内閣「御署名原本・昭和四年・勅令第一〇二号・陸軍給与令中改正」ＪＡＣＡＲ［アジア歴史資料センター］

44　陸軍経理学校「糧秣経理教程」

図表9　平時糧秣定量表（陸軍給与令第二一条、三九条）

<table>
<tr><td colspan="5">日額</td><td colspan="4">日額</td></tr>
<tr><td rowspan="6">糧食</td><td colspan="2">米麦</td><td colspan="2">賄料</td><td rowspan="7">馬糧</td><td colspan="2">定量区分</td><td>数量</td></tr>
<tr><td>精米</td><td>精麦</td><td>金額</td><td>地方区分</td><td rowspan="3">大麦</td><td>甲号</td><td>5,000 g</td></tr>
<tr><td rowspan="4">600g</td><td rowspan="4">186g</td><td>20銭1厘</td><td>第一区</td><td>乙号</td><td>4,800 g</td></tr>
<tr><td>19銭8厘</td><td>第二区</td><td>丙号</td><td>4,100 g</td></tr>
<tr><td>19銭5厘</td><td>第三区</td><td colspan="2">干草</td><td>4,000 g</td></tr>
<tr><td>19銭2厘</td><td>第四区</td><td colspan="2">藁</td><td>3,500 g</td></tr>
<tr><td rowspan="4">糧食換用品</td><td rowspan="4">1人1日の額</td><td colspan="2">乾パン</td><td>675 g</td><td colspan="2">食塩</td><td>20 g</td></tr>
<tr><td colspan="2">缶詰肉</td><td>150 g</td><td colspan="3">増飼大麦</td><td>1,300 g以内</td></tr>
<tr><td colspan="2">食塩</td><td>12 g</td><td rowspan="2"></td><td colspan="2" rowspan="2"></td><td rowspan="2"></td></tr>
<tr><td colspan="2">醤油エキス</td><td>18 g</td></tr>
</table>

の導入によって委任経理積立金を増やそうというのが本音だったようだ。もっとも、昭和期に入ると小麦の価格が米を上回り、あまり兵食には登場しなかったという。

　また、パンの支給量をどうやって決めたのかといえば、ある意味、人体実験によって決定されていた。なんと、近衛連隊の二個大隊が人身御供となり、実験台に供されている。一個大隊ごとに期間を決めて支給量を変え（最初の一一日間約二八〇グラム、次の四日間約三四〇グラム）、それを一カ月間ほどつづけ、どれくらいの量で満足できたのかアンケートを取って、支給量を決定したのである。その結果、一回あたり約三四〇グラムとなった。これは現在の一斤である。[45] 一食あたり食パン一斤を丸ごと出されたらどうであろうか。この当時の人達は、よくもこれだけの量のパンを一度に食べたと思うが、嘗物《なめもの》と呼ぶクリームやジャムをつけ、副食はシチューとかの汁物が定番であった。パン食は基本的に不評であり、やはり米食が一番のごちそうだったようだ。

献立を決めるのも経理！

兵食の支給にあたっては、まず、年度開始前に給養計画を作成し、連隊長の認可を受けていた。立案にあたっては、軍隊経理規程に基づく支給定量、季節および訓練状況に伴う臨時増減給、駐屯地における物価等のほか、次の事項を考慮していたという。[46]

（一）保健食料及給与定額。肉（骨なし）七〇グラム以上、魚（骨付き）一二〇グラム以上、生野菜五〇〇グラム以上、その他三〇〇グラム以上、内蛋白質一〇〇グラム以上、熱量三五〇〇キロカロリー以上。これは支給定量の他に、兵食として支給する一日の標準分量と熱量だが、あくまで標準であり、各師団でそれぞれ任意に設定できた。そのため、寒冷地に駐屯する師団では、摂取カロリーを最低四〇〇〇キロカロリーとしていたところもある。なお、現在、野菜の一日量は三五〇グラム必要といわれているので、それを上回る量を摂取していたことになる。

その他、（二）給養人員、（三）委任経理積立金の状況、（四）行軍演習出張の場合における増給、（五）祝祭日の特別加給、（六）物価の高低に適応する副食物給与、（七）季節ならびに労働程度等による食需要量、（八）季節と燃料との関係、（九）戦用繰下品の使用（これは戦時用非常糧食である牛缶のこと。牛缶の消費期限が来る前に兵食として使用した。おもにコロッケの具とか肉飯に使用されたようだ）、（一〇）パン食その他代用品の給与、となる。

これにより、季節ごとの駐屯地内外で提供される主食（ごはん等）と副食（おかず類）をどうすべきか、糧食費と委任経理積立金をいくら使うか、戦用繰下品の使用計画が明確になった。

そして、実際の献立は、各部隊の本部に勤務する「主計将校」の長である「経理主任」が、「軍医」の意見を参考にしながら、一週間分の「献立予定表」の起案を行った後、「部隊長」の承認を受け、作成していた。[47] 兵食の献立は、栄養・予算・嗜好の三点に軍事上の

45　陸軍省経理局衣糧課「生麵麭食ニ関スル件」ＪＡＣＡＲ［アジア歴史資料センター］
46　陸軍経理学校「糧秣経理教程」
47　藤田昌雄『写真で見る　日本陸軍　兵営の食事』光人社

要求を考慮した調理計画である。加えて、調理実施者に対する作業命令であり、副食物受払計算の基礎資料でもあった。

献立作成の際に参考となったのが、嗜好調査表、食品栄養価比較表、魚貝野菜類出回期一覧表、各食品一定銭価に対する栄養価比較表、衛生上注意食品一覧表、地方特産品一覧表、各食品給養量標準表、主食の変換および各種副食の給養回数標準表、食品栄養価計算早見表等である。これらを基に、献立が作成されていた。

それでは、実際の献立はどのようなものであったのであろうか。陸軍糧秣廠の昭和一二年標準献立表の春季献立一週間は、次のとおりである。[48]

日曜　朝食＝味噌汁と漬物、昼食＝吉野煮と漬物、夕食＝五目飯、豆腐汁と漬物
※主食は麦ごはんであるが、副食を兼ねた五目飯や肉飯、豆飯等が出る場合もある

月曜　朝食＝味噌汁と漬物、昼食＝白和と漬物、夕食＝鯖フライと付け合せ、漬物

火曜　朝食＝味噌汁と漬物、昼食＝豚肉とごぼうの卵とじ煮、漬物、夕食＝煮豆と漬物

水曜　朝食＝味噌汁と漬物、昼食＝烏賊の旨煮と漬物、夕食＝パン食と豆つぶし

木曜　朝食＝味噌汁と漬物、昼食＝炒め豆腐と漬物、夕食＝鮭の照り焼きと大根おろし

金曜　朝食＝葛汁と漬物、昼食＝豚味噌煮と漬物、夕食＝鮭缶と卯の花炒め、漬物

土曜　朝食＝味噌汁と漬物、昼食＝煮しめと漬物、夕食＝カツレツ（牛肉七五グラム）と大根の三杯酢

兵食は一汁一菜で、朝食は味噌汁（金曜は葛汁）と漬物のみ、肉が出るのは週二回程度であった。主食のごはん以外は、いかに粗食であったかが理解できよう。面白いのは、カツレツが豚肉ではなく牛肉であることだ。地方によっては、豚肉を嫌うところがあったので、わざわざ牛肉にしたのかもしれない。ビフカツは贅沢であったものの、一人あたりわずか七五グラムであった。また、兵の嗜好調査では、ビフテキやすき焼き、オムレツなどが挙がっている。実際にどれくらいの頻度で出たかは不明だが、ときには出ていたようである。兵役経験者の中には、「たまにカレーライス（どう考えてもうまいとはいえない）が出ると、兵隊は興奮した。平常、いかに粗食かがこれでもわかるのである」と述懐しているほどだ。[49]

48　藤田昌雄『写真で見る　日本陸軍　兵営の食事』光人社

49　伊藤桂一『兵隊たちの陸軍史』新潮選書

病院船の食事は豪華

このように粗食な陸軍でも、豪華な食事が出る場所があった。病院船である。陸軍病院船船内請負賄献立表によれば、昭和一六年一月のある一日はこんな食事であった。[50]

特等（准士官以上）

朝食＝白米飯二五〇グラム、味噌汁、オムレツ一二〇グラム、新巻鮭九〇グラム、鶉豆含煮八〇グラム、香の物、果物一二〇グラム

昼食＝白米飯二五〇グラム、澄し汁、牛肉野菜すき焼き一三〇グラム、鰺塩焼き一〇〇グラム、茄子亀甲煮八〇グラム、香の物

三時のおやつ＝紅茶、ゼリー二〇〇グラム

夕食＝白米飯二五〇グラム、大和芋一五〇グラム、ローストチキン一五〇グラム、鯖煮付一〇〇グラム、春菊胡麻和え八〇グラム、香の物、果物一二〇グラム

夜＝牛乳一八〇cc

並等（下士官、兵）

朝食＝白米飯二五〇グラム、味噌汁、煮しめ一〇〇グラム、花鰹田麩四〇グラム、香の物

昼食＝白米飯二五〇グラム、吸い物、鯖焚き出し一五〇グラム、春菊胡麻浸し五〇グラム、香の物

夕食＝白米飯二五〇グラム、吸い物、すき焼き一五〇グラム、蓮根煮出し四〇グラム、香の物、果物（林檎）一二〇グラム

普段では考えられない品数と品目である。特等の場合の食費は一日あたり一円五〇銭（約七五〇〇円）、並等だと一円（約五〇〇〇円）だ。委任経理の場合、一区の賄料（副食代、燃料費込）がわずか二〇銭一厘（約一〇〇〇円）であるので、いかに良い食事が出されていたかがうかがえる。賄請負だと、食材費や燃料費の他に、厨房設備の減価償却費や人件費、そして請負業者の利益も含まれるため、このような金額になっている。食材費と燃料費を単純に比較すれば、三〜四倍程度ではなかろうか。

50　陸軍省「陸軍病院船船内請負賄献立実施表写」JACAR［アジア歴史資料センター］

「炊事軍曹を三年やれば倉が建つ」

実際の炊事にあたっては、中隊ごとに喫食人員数を記載した食需伝票を、毎食前に炊事係下士官に提出していた。炊事係下士官は食需伝票を集計し、炊事量を決定するとともに、炊事当番兵を指揮して喫食時間までに完成させなければならない。そして、この炊事を取り仕切る炊事係下士官は、連隊内の最古参の軍曹の中から選任された。この職場は出入り商人との接触が多く、「炊事軍曹を三年やれば倉が建つ」という言葉があったほどだ。[51] 喫食人員が多いため、出入り商人と結託して糧秣や魚菜の量を操作すると、あっという間に蓄財ができたようである。出入り商人は、海千山千のものが多く、軍人を唆《そそのか》してお互い甘い汁を吸おうとしたのであろう。

兵食の調理は持ち回りで、炊事経験のない当番兵が行うこともあったため、失敗も出たようだ。現に、午後は夜間演習の予定であったが食事が遅れたので取止めになったという日記の記述があるし、週に二～三回は兵食の調理に失敗していたという報告もある。[52] 特に、かまどで調理する場合には、火加減が難しいため、かなりの割合で失敗があったのではないだろうか。しかも連隊分の調理なので、最低でも一回あたり一三〇〇名程度の兵食を決まった時間までに作るのだから、重労働であったと思う。

また、炊事場では、当初はかまどを使用していたが、作業効率の観点から蒸気あるいはガスになっている。炊事設備変更の際には、委任経理積立金を用いて工事を行っていた。[53]本来は一般会計予算から工事費を捻出すべきであろうが、陸軍予算自体が不足していたので、やむを得ず委任経理積立金を使用したようである。

出来上がった食事は、中隊ごとに当番である一〇名程度の初年兵が炊事場で受領し、中隊まで運搬した。そして、各班の人数に合わせて平等に手早く分配するのである。早く盛り付けないと、食べる時間が少なくなるため、古兵から叱責を受けることになる。そして、すばやくかき込んだあと、自分が使った食器を洗う。週番上等兵の「食缶返納！」の声に合わせ、当番が食缶を返納するというサイクルであった。[54]なお、部隊で食中毒が発生した

51　伊藤桂一『兵隊たちの陸軍史』新潮選書

52　一ノ瀬俊也「佐倉連隊の日常生活」『国立歴史民俗博物館研究報告』第131集、陸軍省経理局衣糧課「炊爨調理方法講習ニ関スル件」JACAR［アジア歴史資料センター］

53　第一師団経理部「試験的ニ瓦斯炊爨実施ノ件」JACAR［アジア歴史資料センター］

54　大森学「中支戦線での司令部勤務」『軍人軍属短期在職者が語り継ぐ労苦（兵士編）第12巻』平和記念展示資料館

場合、経理部将校の責任となり、懲罰（現在の懲戒処分に該当するが、実際には謹慎が多かったようである）が科され、その後の出世に影響した。そのため、衛生管理、特に食中毒予防には気を使っていたという。[55]

ちなみに、現在の陸上自衛隊では、各隊員が食堂に行って順番に盛り付けられているおかずや味噌汁をお盆にとり、自分が食べたい分だけご飯をよそうシステムである。また、昼食が一番豪華であり、一汁二菜（メインとサブのおかずに味噌汁など）にデザートやジュース等がつくので、旧軍と比較にならないほど食事内容が向上している。そして、味も巷の食堂や定食屋に負けていない。技官として採用された栄養士がメニューを作成して、駐屯地業務隊の糧食班が調理するところと、すべて外部委託しているところに分かれるようである。

では、残飯はどうしていたのだろうか。基本的に外部の業者に売却するか、養豚場に無償で引き渡す代わりに豚肉を格安に調弁して兵食に使用、あるいは現地自活の一環として豚の餌にしていた。売却する際は、箸をつけていない残飯は上残飯と呼ばれ、高値がついたという。売却で得た現金は、委任経理積立金に繰り入れられた。中には、残飯の中のご飯を蒸し返し、次回の炊飯に継ぎ足していた部隊もあった。それが出来ない場合は、チャーハンやお握りにし、小夜食や増加給として支給していた。[56]

糧秣に関する出納整理と決算は、次のように行われた。

出納整理は、各連隊の経理委員が食需伝票を整理し、給餉日計簿に記載するとともに、糧食品受払簿、馬糧受払簿を記載する。そして、これらの帳簿等から連隊の糧秣決算表を作成し、これに基づき精米精麦代、賄料等を精算する。そして、糧秣決算表を所属する師団の経理部に提出するのである。師団経理部は、各連隊の糧秣決算表から糧秣の出納計算書を作成する。そして、委託検査（会計検査院の代わりに師団経理部等が行った会計検査）の際に、証憑《しょうひょう》書類と共に提出し、問題がなければその年度の糧秣経理の決算は無事終了となった。[57]

55　若松会編『陸軍経理部よもやま話』若松会
56　垣第六五五一部隊「残飯類絶滅対策要領」ＪＡＣＡＲ［アジア歴史資料センター］
57　陸軍経理学校「糧秣経理教程」

普段はボロを纏っても戦時は新品を

米軍戦訓広報誌にも取り上げられた修理工場

被服経理も、兵食と同様に、委任経理が基本であった。

陸軍では被服に関し、被服経理の向上に最も重要なことは被服の耐用年数の延長であると教育し、その具体的な手段として被服品の修理を適時適切に実施するのが重要であるとしていた。[58] そのため、下士官兵に対しては、被服の破損が大きくなる前に、必ず修理するよう中隊長等がもっぱら指導するようになっていたのだ。簡単な修理は個人で行い、破損の程度が大きい場合は部隊の工場に持ち込んだ。

そして、動員で部隊が出征する際には、「一装品」と呼ばれる戦用品として保管されていた新品の被服が交付された。ある経理部将校などは「晴れ着」と呼んでいたほどである。それが当時の感覚なのだろう。そのため、普段は継ぎはぎだらけでほとんどボロ同然の「三装品」を身に纏い、戦用品の整備に力を入れていた。被服の耐用年数を修理により延ばせば、その分だけ戦用品の整備に定額を回せる訳である。これは、十分な被服予算がないための苦肉の策であった。
ただ、これらのシステムは、それまで陸軍が経験したことのある、日清・日露戦争のような局地的な短期戦を想定したものといえる。短期間で戦争が終了すれば、新品だったものがさほど傷まず、交換数もそれほどではないだろう。ところが、太平洋戦争ともなると、場所によっては補給が途絶し、着た切り雀といった事態が生じている。被服や靴の機能を維持し、戦闘を継続するためにも、修理工場と縫装工兵や縫装工下士官は必要不可欠であった。

被服経理に委任経理を採用した理由として挙げられているのが、次の四点である。

一点目。予算を増加させず経済上有利であること。これは、実際の所要量に応じて交換していると、被服の使用期限が切れた年は極端に被服費が膨張し、予算の変動が大きくなってしまう。そのため、毎年一定額を部隊に交付し、実際の必要量に応じて被服の交換をすれば経済的である。

58　被服廠「縫装工下士官用　被服経理教程」

二点目。被服の制式改正等に際する整備が速やかに行えること。被服が新式になった場合、予算が取れないとなかなか陸軍全体で交換ができない。特に、軍縮期だと予算の総量が抑えられるため、被服費を増やすと別の費目を減らす必要がある。陸軍予算は、ほとんど経常的な支出のため、消耗品費が減らされると便所紙の不足という、とんでもない事態に陥ってしまう。

三点目。節約の観念を植え付け、被服を良好に保てること。これは、委任経理の場合、被服初度費以外は維持費として一定額しか部隊に交付されないため、破損しても無条件ですぐに交換してもらえる訳ではない。そのため、否が応でも物品愛護、注意節約の念が自然に喚起されるようになる。

四点目。戦時被服整備の観点から有利である。これは、委任経理の場合、まず戦用品を整備し、その後、兵に交付する被服の順番となる。そのため、各連隊等の戦用品から戦時特設部隊等に充当することも可能となる。[59]

このように、もっともらしい理由を色々と挙げているものの、要は被服に使用する予算が十分に取れないため、そのツケを部隊に押し付けていたといえる。三点目の理由など、本来であれば交換すべき程度の破損であっても、十分な予算が取れないため交換できず、修理ですませていたのである。そのため、日本陸軍の場合、部隊には被服と靴の修理工場があり、その修理を行うために専門の縫装工兵や縫装工下士官を被服廠で養成していたほどだ。この点は、沖縄戦で米軍がかなり奇異に感じていたようで、米軍の戦訓広報誌でも洞窟内に衣服と装備品の修理場があったことと、日本兵の服や靴に信じられないほどの繕いや当て布が施されていたことを取り上げている。[60] 米軍の感覚からすれば、破損した被服はすぐ新品に交換されるはずで、なぜそんなことをしているのだろうと不思議に感じたのではないか。

中年予備役の被服が合わない

次に、被服の委任経理は、どのようなシステムになっていたのだろうか。まず、部隊に交付される被服費の定額には、六種類があった。そのうち、主要な三種類は、以下に詳しく述べるが、被服初度費、被服年額、被服補修費年額である。なお、その他の三種類は、

59　被服廠「縫装工下士官用　被服経理教程」
60　一ノ瀬俊也『日本軍と日本兵 米軍報告書は語る』講談社現代新書

被服料（士官候補生等用）、被服補修費（召集者用）、予後備役就職者被服初度費だ。[61]

①被服初度費

新設部隊や定員増加部隊に対して、各種被服を新調するために一回に限って交付するもの。人員および備付被服の数に応じた金額になる。下士官兵被服初度額、特種被服初度額および備付被服初度額に分類される。

下士官兵被服は、軍服上下、外套《がいとう》（コート）、雨外套、編上靴、背嚢《はいのう》（リュック）、飯盒、水筒、寝具等である。

特種被服は、防寒被服、防蚊被服、防暑被服等だ。そして、備付被服は、瓦斯《ガス》勤務用被服、運動用被服、戦車勤務用被服、運転用被服、空中勤務者（航空機搭乗員）用被服、患者用被服、寝具等である。[62]

実際の交付金額は内地の場合、下士官兵被服初度額だと歩兵一名あたり六八・二円（約三四万一〇〇〇円）、特種被服初度額が旭川下士官・兵一名あたり三八・四一円（約一九万二〇〇〇円）、備付被服初度額が寝具一組で四〇・八円（約二〇万四〇〇〇円）であった。

意外に寝具が高いのには驚かされる。おそらく毛布が羊毛製で、原料が輸入品であったからだろうか。ちなみに、昭和初期の東北の寒村では、綿布団ではなく藁布団か屑布を集めたものが布団代わりだったようである。これと比較すれば（あくまで比較対象の問題であるが）、陸軍の内務班における衣食住は、それなりに良好であったといえるだろう。

被服初度費の計算方法は、次のとおりである。

下士官兵被服初度額＝人員（下士官兵各部下士官等に区分）×下士官兵被服初度額（区分同前）

特種被服初度費＝人員（下士官兵の合計）×特種被服初度額（駐屯場所により異なる）

備付被服初度費＝定数（品種ごとに区分）×備付被服初度額（区分同前）

②被服年額

各部隊の被服を新調し維持するために毎年部隊に交付するもの。下士官兵被服年額、特種被服年額、備付被服年額、生徒被服年額に分類される。こちらは、各被服品定額と給与

61　被服廠「縫装工下士官用　被服経理教程」

62　陸軍大臣「陸軍部隊被服経理実施要領ニ依ル被服定数表ノ件達」JACAR［アジア歴史資料センター］

期限から計算する。例えば、軍帽の場合だと、被服定額が一・〇六円で給与期限は四年のため、一・〇六÷四＝〇・二六五円を年額として交付する。各被服品をそれぞれ計算し、それを全部加算したものが、被服年額となる。

内地における下士官兵被服年額は、歩兵一名あたり二五・八九円（約一三万円）、特種被服年額が旭川下士官兵一名あたり六・六二円（約三万三〇〇〇円）、備付被服年額が寝具一組二・〇四円（約一万円）、生徒被服年額が士官学校予科生徒一名あたり三九・六四円（約二〇万円）であった。

被服年額の計算方法は、次のとおりである。

下士官兵被服年額＝定員×下士官兵被服年額（各兵科各部下士官兵に区分）

特種被服年額＝定員又は定数×特種被服年額（駐屯場所により異なる）

備付被服年額＝定数（品種ごとに区分）×備付被服年額（区分同前）

③被服補修費年額

各種被服補修のために部隊に対して被服年額の区分により交付するもの。金額は被服年額の一割三分であるが、下士官兵被服補修費のうち東京駐屯部隊が二割、大阪および京都駐屯部隊は一割八分となっていた。大都市なので見栄えを気にして修理費を増額したのだろうか。

被服補修費年額の計算方法は、次のとおりである。

下士官兵被服補修費年額＝下士官兵被服年額×〇・一三（東京〇・二、大阪京都〇・一八）

実際の補修費年額は、下士官兵被服が歩兵一名あたり概ね三・五二円（約一万八〇〇〇円）、備付被服寝具一組概ね四・八二円（約二万四〇〇〇円）であった。こちらは、被服年額に対して単純に〇・一三を乗じてもこの金額にならない。概ねがついているので、何か数字を加工して計算したのだろう。そして、下士官兵被服中、東京駐屯部隊だと概ね五・四二円（約二万七〇〇〇円）、大阪および京都駐屯部隊は概ね四・八八円（約二万四〇〇〇円）となっていた。各下士官兵が一名あたり一年間に必要とする被服の維持費平均額は、図表10のとおりである。

なお、①被服初度費および②被服年額については、現品交付と金額交付に区分されていた。現品交付の場合、被服廠から現品が送付されてきたが、具体的な品名は次のとおりである。

軍帽、略帽、冬衣袴（冬用軍服上下）、夏衣袴（夏用軍服上下）、外套（コート）、雨外套、マント、巻脚絆（ゲートル）、背嚢（リュック）、軍靴、飯盒、水筒、雑嚢（肩掛けバッグ）、携帯天幕（携帯テント）、毛布、特種勤務用被服、特種地方用被服、防毒被服、防弾被服（防弾チョッキ）、各種絨（生地）、各種雲斎（綾織の厚地綿布）、厚織木綿、裏用綾木綿、綿帆布、厚織麻布、甲革、底革、多脂牛革、保革油、防虫剤。ちなみに特種被服は現品交付のみである。

参考までに、被服廠における工員一人の一日あたり製造能力（昭和一六年三月調査。実働九時間）は、次のとおりであった。

軍帽一八個、冬衣三・九着、冬袴五・八着、夏衣四・三着、夏袴五・六着、外套四・

二着、編上靴五・四足、長靴二・九足、九六式防寒靴三・六足、電熱航空服〇・三一着である。

明治三六年発刊の『被服委員手簿』を見ると、毛布、軍靴、飯盒、水筒以外は全て材料で届き、自製か業者に委託して製造調弁したようである。[63]これがいつから現品交付になっ

図表10　1カ年に要する被服維持費平均額（昭和6年度予算摘要による）

単位：円

区別	内地		朝鮮		台湾		満州	
	下士官	兵	下士官	兵	下士官	兵	下士官	兵
歩兵	35・992	36・061	53・192	53・260	42・287	42・355	52・383	52・450
騎兵	34・842	36・100	52・042	53・300	0	0	51・232	52・490
野砲兵	37・528	38・786	54・728	55・986	0	0	53・918	55・176
工兵	35・993	37・250	53・193	54・450	0	0	52・383	53・640
航空兵	35・393	36・650	52・592	53・850	41・687	42・945	0	0
輜重兵	34・732	35・989	0	0	0	0	0	0

出所）被服廠「縫装工下士官用被服経理教程」

63　近藤融『被服委員手簿』浜田活版所

たか不明だが、変更になったのは、町の仕立て屋に委託した見本品や完成品に師団ごとに微妙な違いが生じた可能性があり、委託製造調弁によるトラブルが多発したためではないだろうか。また、軍の被服は、外国産の品質の良い生地を使用していたことから、生地を自分で使用するため、あるいは他に売却するために本来必要な生地の量よりも少なくした欠陥被服を納入するといった手口があったのではないかと考えられる。

次に、被服業務の流れを見ていこう。まず、連隊等の経理委員が年度被服計画を策定する。これは、被服経理方針をベースに、被服の現況と受領すべき被服の現品ならびに定額金を基礎として被服品の作成、戦用品の更新など、当該年度の分を具体的に策定したものである。その際、作成される書類は、年度被服調製計画表（品種ごとに新調数、金額、サイズ、受領区分等を記述）、被服供用計画表（入営者等に対して供用する被服の品目員数、新品・古品等を記述）、被服現況表（品種ごとに供用および在庫被服装用区分ごとの内訳、年度廃品見込み数等を記述）等である。[64]

被服の標準所要数計算方法は、次のとおりである。

定員一五〇〇名の連隊で、給与期限三年六ヵ月の冬衣、一ヵ年の所要数は、

一年（一二カ月）÷三年六カ月（四二カ月）×一五〇〇名＝四二八・五七着

これはあくまで一年間に整備すべき標準数であり、戦用品の整備済みの数と各中隊での必要数を勘案し、増減する。最終的に、定額内に収まるよう、所要量を各品目で調整することになる。計算上、四二八着となっても、実際に必要になるのが四〇〇着であれば、二八着分の金額が他の不足している被服の整備に回される。この数字が年度被服調製計画表等に反映される。

部隊の経理委員は、年度被服計画の他に、被服費年額調書および現品交付所要調書を軍又は師団の被服委員に提出する。被服委員は、これらの書類を取りまとめ、陸軍省に被服定額中、被服製造購買に関する金額を請求する。また、現品交付に関する被服品は、被服廠又は陸軍倉庫に請求し、部隊に直送あるいは被服委員を経由して部隊に送付される。現品交付ではない被服品の新調は、被服委員が調弁し、部隊に送付する。具体的には、襦袢袴下（ももひき）、敷布、包布、上靴の類だ。これに対して、経理委員が受領する定額は、被服

64　被服廠「縫装工下士官用　被服経理教程」

補修費が主で、調弁する品目は、補修および格納手入材料ならびに褌、手ぬぐい等である。

部隊に現品交付されたあるいは部隊が調弁した被服は、褌、手ぬぐい等の支給品を除き、まず「戦用品更新計画」に基づき戦用品に組み入れられる。そして、戦用品の中で古いものが繰り下げ品として各中隊へ供用される。

いうなれば、先入れ先出し法により、三年から五年位前に製造された被服が新品として各下士官兵に供用（貸与）される。その際、各中隊での均衡を図る為、同数をそれぞれ供用していた。また、各中隊の装用程度を同一にするため、ある中隊の程度の良い返納品を、別の中隊に供用することも経理委員の仕事であった。そのため、各中隊の被服の良しあしを確認するには、物干場を観察するのが最適と言われていた。

供用の際、特に重視されたのが被服の適合である。体に合わない被服は、軍の威容を損ね、動きの自由と軍事行動時の自由を奪うだけでなく、精神衛生上も良くない影響を及ぼす、と陸軍もその悪影響をしっかり認識していた。[65] これは、日露戦争の際、戦用品のサイズが合わず、問題が生じたことと関係していると思われる。それまでの戦用品は、整備数ばかりに気を取られ、服の号数や靴の文数を考慮していなかった。そのため、召集者に供用された服が小さかったり、編上靴が小さく防寒靴下が履けないといった事象が多発し、慌てて追送した経験をもつ。

特に、一線を退いた予備役を召集すると、中年者は太っている場合が多く、現役時のデータで戦用品を整備していたため、サイズ不適合が多発している。[66] それ以来、定期的な演習召集や簡閲点呼の際にサイズを測り、戦用品整備の基礎データとして活用したようである。[67]

被服適合号数および文数は、図表11のとおりである。意外に足が大きいのに驚かされる。この衣袴号数も、昭和一八年になると戦用被服整備の簡易化から大、中、小となり、従来の一号と二号が大、三号と四号が中、五号と六号が小としてとり扱われた。また、大小の二サイズがあった鉄帽（鉄兜）は、昭和一八年以降大のみとなっている。[68] これは、実戦の経験上、大の方が小銃弾の直撃を受けても助かる確率が高いことが判明し、中・小の需要

65　被服廠「縫装工下士官用　被服経理教程」
66　陸軍二等主計山本昇「戦用被服ノ新陳交換　明治41年～大正4年5月」ＪＡＣＡＲ［アジア歴史資料センター］
67　被服廠「縫装工下士官用　被服経理教程」
68　陸軍次官「戦用被服ノ整備補給ニ関スル件陸軍一般へ通牒」ＪＡＣＡＲ［アジア歴史資料センター］

図表11　各兵の身長と被服適合サイズ一覧表

身長	衣袴外套の号数	足のサイズ	編上靴の文数
1m69cm6mm（5尺6寸）以上	1号	27cm7mm（以上）	12文3分
1m66cm6mm（5尺5寸）以上	2号	27cm（以上）	12文
1m63cm6mm（5尺4寸）以上	3号	26cm3mm（以上）	11文7分
1m60cm6mm（5尺3寸）以上	4号	25cm6mm（以上）	11文3分
1m57cm6mm（5尺2寸）以上	5号	24cm9mm（以上）	11文
1m57cm6mm（5尺2寸）未満	6号	24cm2mm（以上）	10文7分
		23cm5mm（以上）	10文3分
		22cm8mm（以上）	10文

注　頭囲長と軍帽の号数、膝下長と革脚絆の号数は省略。
出所）被服廠「縫装工下士官用　被服経理教程」

が激減したためと考えられる。

ちなみに防毒資材と鉄帽が、兵器局所管の間は整備が進まなかったにもかかわらず、経理局衣糧課に移管したところ、たちどころに整備が終了している。文句が多くて経費ばかり使い、能率の上がらないのが兵器局であり、航空はそこからさらに数段も劣っていたという。[69]

被服の廃品は、他の用

途に再利用するか、民間に売却、あるいは他部隊に移管していた。そして、そのどれにも該当しない場合に廃却処分となる。その際、所管経理部長の承認を受けて廃却処分するようになっていた。出納整理と決算は、被服品受払簿を締切決算するとともに、出納計算書を作成し、それを軍又は師団経理部長宛に提出する。出納計算書に関しては認可状の交付を受ければその年度の決算は完了である。被服品の出納は、実地検査を受検し、問題がなければ帳簿の末尾に検査了と年月日の記入署名捺印を受けて完了となった。[70]

「建築」は特殊業務

最後に「衣食住」のうちの「住」についても簡単に触れておきたい。経理のなかでも「建築」は特殊で、毛色が違ったと言われている。そのため、筆者はその業務内容に明るくないが、職業軍人や兵は、基地や駐屯地の内（営内）と外（営外）に分かれて暮らしていたのである。

営内は、内務班（一四名前後）ごとに生活をともにしていた。部屋の両端には、装備品

69　西浦進『昭和戦争史の証言』原書房
70　被服廠「縫装工下士官用　被服経理教程」

を置く棚と被服を吊るすフックがあり、その前に各人の寝台（ベッド）、中央に机が置かれていて、その机で配食された食事を班員全員で食べていた。廊下側に銃架（銃置き）があり、三八式歩兵銃や四四式騎銃を掛けていたという。[71]

一方、営外は、経理局建築課が官舎（一戸建て）及び宿舎（独身中少尉用）の建築を計画し、各師団経理部が建築していたようである。中将だと敷地五〇〇坪、建物一〇〇坪、年間家賃三三七・五円（約一六九万円）、大佐が敷地二五〇坪、建物五五坪、年間家賃一八〇円（約九〇万円）、大尉が敷地一〇〇坪、建物三〇坪、年間家賃八五・五円（約四三万円）、曹長から伍長は敷地五〇坪、建物一八坪、年間家賃三四・二円（約一七万円）から二二・五円（約一一万円）であった。[72]

官舎に入居できない場合は、民間の貸家を借りるか、下宿していたようである。

後述の「陸軍軍人のお財布事情」で「営内」と「営外」が出てくるので参考にしていただきたい。

71 『帝国陸軍戦場の衣食住〈歴史群像〉太平洋史シリーズ（39）』学習研究社

72 篠山俊雄ほか「旧陸軍省における官舎建築の供給制度と平面構成について—近代日本の官舎建築に関する歴史的研究—」『日本建築学会計画系論文集』

兵器勤務はどのように行われていたのか？

兵器の概念とは

食、衣、住と来て、次は兵器を見てみたい。兵器勤務（以下「兵器業務」に統一）とは、「陸達第六十八号　兵器要務書」の第一で、「兵器に関する規定および計画の立案、調査、研究、試験、整備、補給、検査、輸送、製造、調弁ならびに兵器関係資源および施設の利用、統制等をいう」と定義されていた。[73]

兵器というと、一般的に銃や大砲、軍艦などの武器をイメージするが、それだけではない。通信器材や給水器材も「兵器」なのだ。兵器要務書の第四に兵器の定義がある。そこでは、「本要務書において兵器と称するのは兵器細目名称表に掲げるものをいう」となっている。[74]この兵器細目名称表を探してみたところ、「器材　その一」が現存していた。その目次をみると、次の一二品目が掲載されていた。[75]

73〜74　陸軍省軍事課「兵器要務書」ＪＡＣＡＲ［アジア歴史資料センター］

75　陸軍省「兵器細目名称表（器材其ノ一）」ＪＡＣＡＲ［アジア歴史資料センター］

一　坑道器材、二　爆破器材、三　近接戦闘器材、四　化学戦闘器材、五　渡河器材、六　鉄道器材、七　特殊交通器材、八　通信器材、九　機力器材、一〇　作井給水器材、一一　海運器材、一二　気球器材

「三　近接戦闘器材」の細部内訳をみると、携帯橋、梯子、昇降綱、九三式軽防楯、九九式軽防楯、九三式重防楯、九九式重防楯、片手鉄条鋏、九八式投擲機等が掲載されている。

日本陸軍というと、銃剣突撃一本槍のイメージしかなかったが、防楯もしっかり制式化し、装備していたのは驚きである。もっとも、図表12に示すとおり重量は僅か七・四キログラムしかないので、米軍が装備していたM1カービンの銃弾に十分に耐えられたのか、また、すべての部隊にいきわたっていたのか、いささか疑問のあるところだ。

兵器細目名称表の「器材　その一」の掲載品目中、「二　爆破器材」、「三　近接戦闘器材」、「四　化学戦闘器材」は、兵器に分類されると言われると、それなりに納得できる。しかし、それ以外は果たして兵器に該当するのだろうかと思ってしまうだろう。兵器の区分中、用途上の区分では、次のように分類されていた。兵器─武器（野戦武器および器具、

要塞武器および器具）、弾薬、機甲兵器、輜重兵器および器具、器材である。このように、用途上の区分からすると、器具器材も立派な兵器に分類される。つまり、兵器は武器だけではなく、それ以外の物品を含んだ広汎な概念であったといえよう。兵器とは、需品を除いた軍の装備品と考えたほうが理解しやすいかもしれない。もっとも、兵器に関しては、「兵器需品は共通なものが多い（需品は需品廠が所管していたが、例えば木材の場合、需品廠と兵器行政本部が所管して、それぞれ必要に応じて融通していた）」との記述があるので、そう単純に分類できるものではなさそうである。[76]

「一〇　作井給水器材」では、九二式手動作井機、九四式動力作井機、九三式手動揚水機、九五式動力揚水機、九八式一トン半水槽、九八式五トン水槽が掲載されている。作井機や揚水機はいずれも、

図表12　九九式重防楯（約7・4キログラム）

名称区分	数量	細部の名称数量及摘要
防楯板	1	
握り	1	軸1
脚	1	
掛綱	1	鉤1 綱は径6ミリ、長1・3メートル

76　名古屋陸軍兵器補給廠残務整理部「補給廠に於ける兵器業務」JACAR［アジア歴史資料センター］

昭和に入ってから、ノモンハン事変の前には制式化されているので、石井式濾水器の他にも現地で活躍したのかもしれない。兵器は、なかなか奥が深いといえる。

また、兵器要務書では、兵器の区分が三つ挙げられている。兵器要務書第六で、「第一類兵器」、「第二類兵器」及び「第三類兵器」に区分している。こちらは、行政上の区分であり、整備・補給の適正円滑化を図るためといえる。[77]

第一類兵器は、戦闘する際に重要なもの、または機構が精緻なもので廃兵器となった場合または亡失したときにただちに代りの兵器を補給するもの。兵器の主要部分で、戦車や装甲車であれば、発動機（エンジン）や砲塔等である。

第二類兵器は、第一類兵器に比較して、戦闘する際に重要度が低いか、または機構が簡易なもので割り当てられた定額の範囲内で請求により補給し、必要やむを得ない場合に限り令達予算で補充するもの。第一類兵器以外の部分で、気化器（キャブレター）や履帯（キャタピラ）等である。

第三類兵器は、第一、第二類兵器の整備や輸送、兵器に関する技術教育等に用いるもので、割り当てられた定額の範囲内で請求により補給するか、または令達予算で補充するものである。[78] 修理用具、手入用具、兵器検査用具、兵器格納用具、兵器荷造輸送用具、兵器勤務教育用具及び材料、その他となっている。[79] 第三類兵器は、兵器ではなく各種用具とそれらの材料であり、別の名称の方が分かりやすかったのではないかと思う。

細部は、兵器類別表に記述されている。兵器類別表では、「第一　野戦兵器」、「第二　要塞兵器」、「第三　弾薬」、「第四　戦車輜重兵器」、「第五　器材」、「第六　第三類兵器」となっており、第三類兵器が別出しである。図表13に兵器類別表の「第四　戦車輜重兵器其ノ一　戦車」から「16　戦車、装甲車類」を抜き出している。

さらに、兵器要務書第七では、保存状態により兵器を通常三区分していた。「上　新品かこれに準ずるもの」、「中　戦闘で使用できる古品」および「下　機能が低下し戦闘で使用できないが教育等でまだ使用できるもの」である。[80]

注目に値するのは、戦闘で使用できなくとも教育に使用できる兵器について、廃品にせず使い続けていた点だ。騎兵連隊では、各自が騎兵銃を戦用品と通常の訓練用の二挺持っ

77　名古屋陸軍兵器補給廠残務整理部「補給廠に於ける兵器業務」ＪＡＣＡＲ［アジア歴史資料センター］
78　陸軍省軍事課「兵器要務書」ＪＡＣＡＲ［アジア歴史資料センター］
79　陸軍省「兵器類別表」ＪＡＣＡＲ［アジア歴史資料センター］
80　陸軍省軍事課「兵器要務書」ＪＡＣＡＲ［アジア歴史資料センター］

図表13　兵器類別　戦車、装甲車類

区分／類別	
	各種戦車 各種装甲車
第一類	発動機 伝動機 主連動機 変速機 模軸装置 操向変速連動機 終減速装置 車体外板 車体各装甲 車体中央隔壁 車体骨組 車体 砲塔 銃塔 武品 通信機 15t扛重機
第二類	活塞 連結桿 気化器 磁鉄発電機 始動電動機 充電発電機 蓄電池 弾薬箱 履帯 予備品 属品 その他上記以外のもの
摘要	

出所）陸軍省「兵器類別表」JACAR［アジア歴史資料センター］

ていたとの記述がある。「下」に分類された兵器は、そのような使用方法だったのだろう。現代の自衛隊では、とても考えられない区分と使用方法だ。

それでは、兵器の制式化から補給、修理、廃棄までの流れを見ていこう。

制式制定

まず、兵器の研究方針が、一般兵器は技術本部、無線通信器材は通信学校から、陸軍大臣に報告される。陸軍大臣は、その研究方針の可否に関して、陸軍技術会議に諮問し、その答申を受ける。その後、改めて陸軍大臣より制式兵器の審査命令が技術本部および通信学校へ発出される。

そして、試作注文（設計および試作）を受けた造兵廠が、試作兵器を技術本部および通信学校に納入し、そこでの審査の結果が陸軍大臣へ報告される。

それを受け、陸軍大臣は技術会議に制式化するかどうかについての諮問を行い、その答申を受けて制式決定となる。

ちなみに、この制式制定の流れは、史料の制約から昭和初期の話である。[81] なお、次に説

81　皆川國生「陸軍造兵廠作業会計小論―満州事変前後における―」『商学論集』第59巻第4号

明する補給、修理に関しては昭和一九年以降の流れとなっており、最新である。

補給

兵器の補給に関する流れを見ていきたい。

まず、兵器の調達がある。陸軍大臣の命により年度当初に策定した兵器整備計画に基づいて、兵器行政本部長から造兵廠に対して製造命令を発出、あるいは民間の軍需企業に対して発注がなされる。

また、兵器補給廠に対しては、受領準備のために、兵器行政本部から年度兵器整備基準表が送付される。兵器補給廠長は、年度兵器整備基準表を基に補給計画を立案し、造兵廠で完成した兵器を受領すると、兵器行政本部長に対して受入報告を行う。一方、民間の軍需企業で兵器が完成した場合は、監督班による完成検査が行われ、それに無事合格すれば兵器補給廠に納品される。そして、兵器補給廠長は製造が遅延している場合、その製造元(造兵廠か民間の軍需企業)に対して督促を行う。

受領兵器は、部隊に補給されるまでの間、兵器補給廠本廠の倉庫に保管・格納される。

しかし、戦争末期に空襲が激化すると、主要兵器の殆どが分廠や借用倉庫に分散、格納集積されたという。そして格納中は、検査と手入れが必須であった。検査は、方法により抽出検査と個別検査、時期により定期検査と随時（臨時）検査に区分された。基本は、定期の抽出検査を行い、一定数の基準を超えた場合に、随時個別検査で全数を確認したのではないかと思う。そして検査の結果、手入れが必要だと判断した兵器については、手入れや塗脂による防錆措置をあわせて行い、補給払出時に不具合が生じないよう万全の対策を採っていたのである。なお、この手入れは全て人力による人海戦術である。

部隊に対する補給は、大きく分けて、平時部隊の定数兵器に対する補給と、動員および臨時編成（編成改正）に伴う補給があった。

平時における部隊の定数兵器（「兵器定数表をもって定める兵器」）の場合は、まず必要兵器の品目と数量を記載した兵器補給証票を、軍司令官（師団を除く軍司令官隷下部隊用）又は師団長（師団隷下部隊用）が兵器行政本部長に対して送付し、請求する。そして兵器行政本部から補給廠に対して兵器補給証票が送付され、それに基づき請求兵器および兵器補給証票が部隊に届くことになる。

動員の場合は、陸軍省から兵器行政本部長と動員管理官（軍司令官又は師団長）に動員が下令されると、兵器行政本部長から貯蔵担任補給廠に対して兵器交付命令と兵器補給証票が送付され、動員部隊に対して兵器が届けられる。また、動員管理官は兵器行政本部長から送付される兵器補給証票に基づき、貯蔵担任部隊に対して交付命令を発出する。そして、貯蔵担任部隊から動員部隊に対して兵器が届けられる。動員管理官から動員部隊に対して兵器補給証票が送付される。[82]

臨時編成（編成改正）の場合は、まず陸軍省から「編成部隊、編成改正部隊、期日、編成管理官、兵器（定数）表等」を定めた臨時編成（編成改正）要領が兵器行政本部長および編成管理官に示される。これを受け、編成管理官は必要な兵器、場所、期日を記載した定数兵器過不足表を兵器行政本部長に送付し、不足兵器を請求する。兵器行政本部長は、兵器補給証票を編成管理官と補給廠にそれぞれ送付し、補給廠はそれに基づき請求兵器を編成担任部隊に納入する。また、編成管理官からは編成担任部隊に対して、兵器補給証票が送付される。[83]なお、兵器補給証票は複写式で、（正）および（写）として複数枚がそれぞれ使用されたと思われる。

その他、第二類、第三類兵器の補給は、現品の補給を受けるものと、自ら令達予算の枠内で製造又は調弁するものがあった。前者は、品目、価格を記載した現品補給兵器一覧表に掲載されている兵器が対象になり、各部隊において向こう半年分の所要量を算出し、それを軍又は師団で取りまとめて、補給廠長あてに請求表を直接送付する。担当補給廠長は、自廠で保管している兵器を軍および師団に補給し（その際、兵器補給証票も添付する）、在庫がないものは兵器行政本部長に請求する。そして、兵器行政本部長は、在庫がある補給廠に兵器移動証票を送付し、それを受けた補給廠が請求品を担当補給廠に送付する。担当補給廠では、請求品が届き次第、これを軍および師団に補給する。

この第二類、第三類兵器は、故障した場合、補給をうけて補充・交換する訳だが、無条件ではなかった。各部隊に割り当てられた補給修理定額の範囲内でしか請求できなかったのである。もっとも、実際に予算額（現金）が配分されるのではなく、使用可能な割当金額（定額）を示すものであった。この目的は、兵器の補給請求および修理を一定の範囲に収めることにより、兵器を愛護尊重することにあった。無制限に認めると、いくらでも無駄使いするので、最初から枠をはめて兵器を大切に取り扱うように持っていこうという考えであった。建軍当初から十分な予算に恵まれていなかった、陸軍の苦肉の策といえよう。

82〜83　名古屋陸軍兵器補給廠残務整理部「補給廠に於ける兵器業務」ＪＡＣＡＲ「アジア歴史資料センター」

修理

兵器の修理については、自隊修理が原則であった。しかし、指定された造兵廠又は特に陸軍大臣の認可を受けた工場でしか修理できない修理制限兵器の場合と、自隊の手に余る修理非制限兵器の場合は、その限りではなかった。最寄り部隊の材料廠、師団長以上の有する兵器修理工場、兵器補給廠、造兵廠および外部工場のいずれか修理可能なところに持ち込まれた。その際の費用は、部隊に割り当てられた補給修理定額か令達予算によって賄っていた。ちなみに、軽微な故障修理は兵器補給廠が担当し、修理制限兵器や精密な兵器の修理は特殊な設備と技術を有している造兵廠が主として担当していた。さらに造兵廠は、部隊側の要望により技術者を現地に派遣して修理を行ったり、移動修理班を編成して部隊の故障兵器を巡回整備したりしていた。[84]

廃兵器・亡失兵器の処置

まず、破損により使用できない兵器があると、それを廃兵器と認定する必要があった。この認定権者は、「廃兵器検定実施区分表」により規定されており、軍司令官および師団長は、隷下部隊が保管するすべての兵器に対して認定を行うことができた。もっとも、両職は多忙なため、代行者も併せて規定されており、司令部の兵器部長がすべて代行できた。

各部隊長の場合は、第一類兵器の一部と第二類および第三類兵器が認定できた。自分で認定できない第一類兵器については、師団長か軍司令官に対し、理由書を添えて認定を申請していた。[85]そして、廃兵器および亡失兵器の埋め合わせは、担任兵器補給廠長に代品を請求する際、併せて廃兵器検定書又は亡失兵器理由書を添付していた。それに基づき、部隊は代品の補給を受けていたのである。

認定を受けた廃兵器は、どのように処理されたのだろうか。軍司令官又は師団長は、廃兵器を兵器修理材料として利用することに努め、残余は次の四つに分類していた。

①　払下用兵器　部外団体に払い下げるもの。
②　兵器再用材料　陸軍造兵廠で材料として使用するもの。
③　残置廃兵器　兵器の機（秘）密保持にそのまま残置するものおよび分解結合の教育等に利用するもの。

84　名古屋陸軍兵器補給廠残務整理部「補給廠に於ける兵器業務」ＪＡＣＡＲ［アジア歴史資料センター］
85　陸軍大臣東条英機「兵器要務書中左ノ通改正ス」ＪＡＣＡＲ［アジア歴史資料センター］

④　廃品　全く利用価値がないもの。

①および③については、教育用に使用する場合、各部隊長が適宜処理していた。②については、各部隊長が速やかに担任兵器補給廠に返納し、担任補給廠はこれを造兵廠に送付していた。造兵廠では、これを材料として再利用していた。廃兵器もなるべく無駄にしないよう、リサイクルに努めていたのである。

リサイクルといえば、撃殻薬莢を忘れてはならない。戦地還送や内地演習用等で発生する撃殻薬莢のなかでも、黄銅製のものは何回か再利用できるため、補給廠で再生していた。このあたりは、今の自衛隊も全く同じであり、演習で発生する小銃等の撃殻薬莢は必ず回収し、空砲用として再生している。陸軍で恐れ入るのは、戦地で発生した撃殻薬莢も回収していることである。さすがに南方戦線だと還送は無理だったと思うが、中国戦線ではしっかり回収したのであろう。資源節約もここまでくると、執念に近いものがあるといえよう。[86]

86　名古屋陸軍兵器補給廠残務整理部「補給廠に於ける兵器業務」ＪＡＣＡＲ［アジア歴史資料センター］

陸軍軍人のお財布事情

師団長と二等兵の格差は81倍

最後に軍人と兵士の給与である。まず押さえておくべきは、准士官以上と下士官、兵との間の格差だ。一般会計予算や臨時軍事費特別会計予算の中には、当然ながら人件費である給与が含まれており、正確には「俸給」と「給料」に大きく分かれていた。まず、俸給は、准士官以上に支給するものだった。彼らには、「天皇の任命した武官として、その階級相応の私生活を維持する義務」が課せられており、「武官として定められた服装を自弁」しなければならなかった。これらのために支給されるのが「俸給」だったのである。

これに対して、下士官および兵に対して支給されるのが「給料」であった。下士官は「軍の編制上営内に兵とともに起居する」ことから、衣食住が官給（国が支給提供）される。そのため、階級相応の私生活を維持する義務はない。また、兵の場合は、「兵役法により服務」していることから、給与の性質が異なっていた。[87]

87　柴田隆一・中村賢治『陸軍経理部』芙蓉書房

これらの違いから、陸軍給与令（明治三二年六月、勅令第二二二号）では、第一表が俸給、第三表が給料となっていた。現在の自衛隊では、幹部（将校）と曹（下士官）、士（兵）の俸給表は一つにまとまっているが、陸軍では明確に分かれていた点が興味深い。これは、陸軍が手本としたヨーロッパの軍隊が、そのような給与体系だったからだという。また、俸給は年俸であり、その年俸を一二等分した金額が毎月末に支給されていた。これに対して、下士官以下の給料は月額である。ちなみに、士官候補生や予科士官学校生徒等の給与は、「手当金」として支給され、陸軍給与令の第四表に記載されていた。

それでは、実際にどの程度の金額が給与として支給されていたのか見ていこう。まず、図表14をご覧頂きたい。これは内地にいる場合の基本額を示している。将官と兵の給与格差が半端ではない。師団長には中将が親補されるのだが、月額四八三円（約二四二万円）である。これに対して、二等兵の乙の場合は、月額たったの六円（約三万円）だ。徴兵だから仕方がないとしても、小遣い銭程度の給料である。二等兵を一とした場合、格差はなんと一対八〇・五である。ちなみに現在の自衛隊の場合だと、二等陸士（二等兵）の一号俸が一六万四七〇〇円に対して、陸将の二号俸（師団長）は七六万一〇〇〇円である。格差は、一対四・六で、五倍もない。陸軍の格差はケタ違いである。筆者が昔聞いたところ

図表14　俸給及び給料の変遷一覧表

単位：円

<table>
<tr><th colspan="3">S6.6～</th><th colspan="2">S13.3～</th><th colspan="2">S14.8～</th><th colspan="2">S17.7～</th><th>S18.8～</th><th>月額換算</th></tr>
<tr><td colspan="2">大将</td><td>6,600</td><td colspan="6">→</td><td>6,600</td><td>550</td></tr>
<tr><td colspan="2">中将</td><td>5,800</td><td colspan="6">→</td><td>5,800</td><td>483</td></tr>
<tr><td colspan="2">少将</td><td>5,000</td><td colspan="6">→</td><td>5,000</td><td>417</td></tr>
<tr><td colspan="2" rowspan="3">大佐</td><td rowspan="3">4,150</td><td colspan="2" rowspan="3">→</td><td>一等</td><td>4,440</td><td colspan="2">→</td><td>4,440</td><td>370</td></tr>
<tr><td>二等</td><td>4,080</td><td colspan="2">→</td><td>4,080</td><td>340</td></tr>
<tr><td>三等</td><td>3,720</td><td colspan="2">→</td><td>3,720</td><td>310</td></tr>
<tr><td colspan="2" rowspan="4">中佐</td><td rowspan="4">3,220</td><td rowspan="2">一等</td><td rowspan="2">3,400</td><td>一等</td><td>3,720</td><td colspan="2">→</td><td>3,720</td><td>310</td></tr>
<tr><td>二等</td><td>3,360</td><td colspan="2">→</td><td>3,360</td><td>280</td></tr>
<tr><td rowspan="2">二等</td><td rowspan="2">3,040</td><td>三等</td><td>3,000</td><td colspan="2">→</td><td>3,000</td><td>250</td></tr>
<tr><td>四等</td><td>2,640</td><td colspan="2">→</td><td>2,640</td><td>220</td></tr>
<tr><td colspan="2" rowspan="4">少佐</td><td rowspan="4">2,330</td><td rowspan="2">一等</td><td rowspan="2">2,450</td><td>一等</td><td>2,640</td><td colspan="2">→</td><td>2,640</td><td>220</td></tr>
<tr><td>二等</td><td>2,400</td><td colspan="2">→</td><td>2,400</td><td>200</td></tr>
<tr><td rowspan="2">二等</td><td rowspan="2">2,210</td><td>三等</td><td>2,220</td><td colspan="2">→</td><td>2,220</td><td>185</td></tr>
<tr><td>四等</td><td>2,040</td><td colspan="2">→</td><td>2,040</td><td>170</td></tr>
<tr><td rowspan="3">大尉</td><td>一等</td><td>1,900</td><td colspan="2">→</td><td>一等</td><td>1,860</td><td colspan="2">→</td><td>1,860</td><td>155</td></tr>
<tr><td>二等</td><td>1,650</td><td colspan="2">→</td><td>二等</td><td>1,650</td><td colspan="2">→</td><td>1,650</td><td>138</td></tr>
<tr><td>三等</td><td>1,470</td><td colspan="2">→</td><td>三等</td><td>1,470</td><td colspan="2">→</td><td>1,470</td><td>123</td></tr>
<tr><td rowspan="2">中尉</td><td>一等</td><td>1,030</td><td colspan="6">→</td><td>1,130</td><td>94</td></tr>
<tr><td>二等</td><td>1,020</td><td colspan="6">→</td><td>1,020</td><td>85</td></tr>
<tr><td colspan="2">少尉</td><td>850</td><td colspan="6">→</td><td>850</td><td>71</td></tr>
<tr><td rowspan="4">准尉</td><td rowspan="2">一等</td><td rowspan="2">960</td><td colspan="4" rowspan="2">→</td><td>一等</td><td>1,320</td><td>1,320</td><td>110</td></tr>
<tr><td>二等</td><td>1,140</td><td>1,140</td><td>95</td></tr>
<tr><td rowspan="2">二等</td><td rowspan="2">900</td><td colspan="4" rowspan="2">→</td><td>三等</td><td>1,020</td><td>1,020</td><td>85</td></tr>
<tr><td>四等</td><td>960</td><td>960</td><td>80</td></tr>
<tr><td rowspan="4">曹長</td><td>一等</td><td>39</td><td colspan="4">→</td><td>一等</td><td>75</td><td>75</td><td rowspan="16"></td></tr>
<tr><td>二等</td><td>34.5</td><td colspan="4">→</td><td>二等</td><td>70</td><td>70</td></tr>
<tr><td rowspan="2">三等</td><td rowspan="2">30</td><td colspan="4" rowspan="2">→</td><td>三等</td><td>35</td><td>35</td></tr>
<tr><td>四等</td><td>32</td><td>32</td></tr>
<tr><td rowspan="4">軍曹</td><td>一等</td><td>22.5</td><td colspan="4">→</td><td>一等</td><td>30</td><td>30</td></tr>
<tr><td>二等</td><td>18</td><td colspan="4">→</td><td>二等</td><td>26</td><td>26</td></tr>
<tr><td>三等</td><td>15</td><td colspan="4" rowspan="2">→</td><td rowspan="2">三等</td><td rowspan="2">23</td><td rowspan="2">23</td></tr>
<tr><td>四等</td><td>13.5</td></tr>
<tr><td rowspan="2">伍長</td><td>一等</td><td>10.5</td><td colspan="4" rowspan="2">→</td><td colspan="2" rowspan="2">20</td><td rowspan="2">20</td></tr>
<tr><td>二等</td><td>9</td></tr>
<tr><td colspan="3">兵長</td><td colspan="4">→</td><td colspan="2">13.5</td><td>13.5</td></tr>
<tr><td colspan="2">上等兵</td><td>6.4</td><td colspan="4">→</td><td colspan="2">10.5</td><td>10.5</td></tr>
<tr><td colspan="2">一等兵</td><td>5.5</td><td colspan="4">→</td><td colspan="2">9</td><td>9</td></tr>
<tr><td colspan="2" rowspan="2">二等兵</td><td rowspan="2">5.5</td><td colspan="4" rowspan="2">→</td><td>甲</td><td>9</td><td>9</td></tr>
<tr><td>乙</td><td>6</td><td>6</td></tr>
<tr><td colspan="2">教化兵</td><td>2.75</td><td colspan="4">→</td><td colspan="2">3</td><td>3</td></tr>
</table>

注1　准尉以上は年額、曹長以下は月額である。
注2　昭和18年8月の大東亜戦争陸軍給与令が制定されるまでは、准尉以上が別表第一、曹長以下が別表第三に給与表が分かれていた。

出所）内閣「御署名原本・昭和二年・勅令第二四五号・陸軍給与令中改正」JACAR［アジア歴史資料センター］、内閣「御署名原本・昭和四年・勅令第一四〇号・陸軍給与令中改正」JACAR［アジア歴史資料センター］、内閣「御署名原本・昭和六年・勅令第一〇三号・陸軍給与令中改正」JACAR［アジア歴史資料センター］、内閣「御署名原本・昭和十三年・勅令第九六号・陸軍軍人俸給臨時特例」JACAR［アジア歴史資料センター］、内閣「御署名原本・昭和十四年・勅令第四九〇号・陸軍軍人俸給臨時特例改正」JACAR［アジア歴史資料センター］、内閣「御署名原本・昭和十七年・勅令第六〇二号・陸軍給与令中改正ノ件」JACAR［アジア歴史資料センター］、内閣「御署名原本・昭和十八年・勅令第六二五号・大東亜戦争陸軍給与令」JACAR［アジア歴史資料センター］に基づき引用者が作成。

によれば、陸軍の師団長は正月の三が日の間、朝から晩までぶっ通しの大宴会だったそうである。もっとも、毎月二四二万円も貰っていたのであれば、正月三日間の宴会の費用など余裕で支払えただろう。現在の師団長の俸給では、まずそんなことは無理であろうとの話だったが、貰っている金額の桁が一つ違うので致し方ない。

　また、俸給や給料の他に、賞与もしっかり出ていた。これには筆者も調べていてビックリした。陸軍給与令や大東亜戦争陸軍給与令には、賞与に関する規定が全くないため、支給されていないと思っていたからである。それもそのはずで、一般に公表が憚られる内容を取りまとめ、内規によってこっそり支給していたのだ。昭和一四年七月に改正された「陸軍賞与内規」では、賞与を年末（年度末）賞与、退職賞与、特別賞与の三つに分類していた。年末賞与は、通常われわれがイメージする賞与（ボーナス）である。退職賞与は、現在の退職金に相当する。俸給月額の二分の一に勤続年数を乗じた額が支給された。ただし、上限は俸給月額の二〇ヵ月分であった。特別賞与は、軍需品の発明、改良等の研究に従事している者について、特別の功績を上げた場合に支給される一時金である。[88]

　ちなみに、大正一二年度および一三年度の各庁職員（陸軍省、海軍省、内閣、司法省、農林省、鉄道省、文部省、逓信省、外務省）の賞与調べがある。それを見ると、年末賞与は、最低が内閣の一・五カ月分、最高が司法省の三・一五カ月分だった。省庁によってかなり差が出ている。現在は、人事院勧告で各省庁の支給月数が統一されているが、当時は、所属する省庁で異なっていたのである。また、内閣や司法省では、内規もなく支給していた。[89]

それでは、陸軍ではどれくらいの賞与が支給されていたのだろうか。昭和一八年は、昭和一七年度の年末賞与の追給が三月三一日、臨時賞与が五月三一日、年末賞与が一一月三〇日に支給されている。各賞与を表にしたので、それぞれを見ていこう。

まず、図表15の昭和一七年度の年末賞与追給である。扶養家族の有無と人数により支給額に差がついているのが興味深い。また、幹部ではない兵長と上等兵にも支給していた。その理由が何だったのか大変興味のあるところである。支給額は、最高が大将の一一五五円（約五八〇万円）から最低の上等兵八七円（約四四万円）までである。大将は俸給月額の二カ月分、上等兵は八・三カ月分であり、下級者ほど支給率が厚かった。[90]

88　陸軍省人事局恩賞課「陸軍軍人、軍属、雇員、傭人等賞与内規改正ノ件」ＪＡＣＡＲ［アジア歴史資料センター］

89　行政調査会「各庁職員ノ賞与ニ関スル件」ＪＡＣＡＲ［アジア歴史資料センター］

90　陸軍大臣「年末賞与追給及年度末賞与支給ニ関スル件」ＪＡＣＡＲ［アジア歴史資料センター］、陸軍大臣「年末賞与特別増加追給ニ関スル件達」ＪＡＣＡＲ［アジア歴史資料センター］

図表15　昭和17年度年末賞与追給（18年3月31日付）

単位：円

階級		等級	父母及子がいないもの	父母及子がいるもの	
				3人迄	4人以上
大将			1,045	1,100	1,155
中将		甲	1,014	1,067	1,120
中将		乙	919	967	1,015
少将			792	834	875
大佐			658	692	727
中佐			510	537	564
少佐			369	389	408
大尉		一	301	317	333
大尉		二	262	275	289
大尉		三	233	245	258
中尉		一	179	189	198
中尉		二	162	170	179
少尉			135	142	149
准尉		一	220	231	242
准尉		二	190	200	209
准尉		三	170	179	187
准尉		四	160	168	176
営外居住（外宿者を含む）	曹長	一	150	158	165
営外居住（外宿者を含む）	曹長	二	140	147	154
営外居住（外宿者を含む）	曹長	三	130	137	143
営外居住（外宿者を含む）	曹長	四	124	131	137
営外居住（外宿者を含む）	軍曹	一	120	126	132
営外居住（外宿者を含む）	軍曹	二	112	118	124
営外居住（外宿者を含む）	軍曹	三	106	112	117
営外居住（外宿者を含む）	伍長		100	105	110
営外居住（外宿者を含む）	兵長		87	92	96
営外居住（外宿者を含む）	上等兵		87	92	96

出所）陸軍大臣「年末賞与追給及年度末賞与支給ニ関スル件」JACAR［アジア歴史資料センター］

次に臨時賞与だが、なぜ支給するに至ったかに関する経緯は不明だ。図表16をみると、最高額は大将の六六〇円（約三三〇万円）から、最低額が上等兵の五〇円（約二五万円）までである。大将だと俸給月額の一・二ヵ月分、上等兵の場合は、給料の四・八ヵ月分であった。[91]

一八年度の年末賞与は、図表17をみると支給範囲が拡大し、営内居住の伍長までが対象となっている。営内居住の曹長（一等級および二等級）が記載されていないのは、この等級になると営内から出て、営外となるからであろう。また、この時点から大佐、中佐および少佐について、等級ごとに細分化して支給するようになっている。最高額は大将の一九二五円（約九六〇万円）で、営外最低額が上等兵の一三五円（約六八万円）、営内最低額が伍長の二〇円（約一〇万円）であった。

この他、大隊長および中隊長、またはそれらに相当する職にある隊長に対し、賞与の特別増加額が支給されている。具体的には、昭和一七年度の年末賞与追給だと月額一〇円×

91　陸軍大臣「臨時賞与ニ関スル件達」JACAR「アジア歴史資料センター」

図表16　昭和18年度臨時賞与（18年5月31日付）

単位：円

階級		等級	父母及子がいないもの	父母及子がいるもの 3人迄	父母及子がいるもの 4人以上
大将			550	605	660
中将		甲	535	585	640
		乙	485	530	580
少将			420	460	500
大佐			350	380	415
中佐			270	295	325
少佐			195	215	235
大尉		一	160	175	190
		二	140	150	165
		三	125	135	150
中尉		一	95	105	115
		二	85	95	105
少尉			75	80	85
准尉		一	125	135	145
		二	105	115	125
		三	95	105	115
		四	90	95	105
営外居住（外宿者を含む）	曹長	一	85	90	100
		二	80	85	95
		三	75	80	85
		四	70	75	80
	軍曹	一	70	75	80
		二	65	70	75
		三	60	65	70
	伍長		55	60	65
	兵長		50	55	60
	上等兵		50	55	60

出所）陸軍大臣「臨時賞与ニ関スル件」JACAR［アジア歴史資料センター］

図表17　昭和18年度年末賞与（18年11月30日付）

単位：円

階級		等級	父母及子がいないもの	父母及子がいるもの	
				3人迄	4人以上
大将			1,600	1,815	1,925
中将		甲	1,550	1,760	1,870
		乙	1,405	1,595	1,700
少将			1,210	1,375	1,460
大佐		一	1,075	1,225	1,295
		二	990	1,125	1,190
		三	900	1,025	1,085
中佐		一	900	1,025	1,085
		二	815	925	980
		三	725	825	875
		四	640	730	770
少佐		一	640	730	770
		二	580	660	700
		三	540	615	650
		四	495	565	595
大尉		一	450	515	545
		二	400	455	485
		三	360	405	430
中尉		一	275	315	330
		二	250	285	300
少尉			210	235	250
軍楽大尉		一	520	595	630
		二	460	525	555
		三	425	485	515
軍楽中尉		一	375	425	450
		二	340	385	410
軍楽少尉		一	300	345	365
		二	275	315	330
准士官		一	330	375	400
		二	285	325	345
		三	255	290	310
		四	240	275	290
営外居住（外宿者を含む）	曹長	一	225	255	270
		二	210	240	255
		三	195	225	235
		四	190	215	225
	軍曹	一	180	205	220
		二	170	195	205
		三	160	185	195
	伍長		150	170	180
	兵長		135	150	160
	上等兵		135	150	160
営内居住（外宿者を除く）	士官勤務に服する見習士官		40	52	60
	曹長	三	35	46	53
		四	32	42	48
	軍曹	一	30	39	45
		二	26	34	39
		三	23	30	35
	伍長		20	26	30

出所）陸軍大臣「年末賞与ニ関スル件」JACAR［アジア歴史資料センター］

四ヵ月、一八年度の年末賞与だと月額一〇円×八ヵ月である。ただし、①入校等により隊長の職務を行っていない場合、②隊長加俸を受けている場合、③戦地増俸を受けている場合は、支給対象外であった。[92]

以上のように、営外者には階級に応じて、かなりの金額が支給され、階級上位者ほど手厚かった。一方、営内者にはそれほど支給されず、兵の場合では昭和一七年度まで上等兵と兵長の営外者を除き、全く賞与は支給されていない。徴兵された兵と幹部である下士官以上では、待遇面でかなり差がついていたといえよう。

陸軍給与令および陸軍給与令細則（明治三二年六月、陸達第五〇号）は、平時に支給される俸給、給料、被服、糧秣等についての規程である。加えて、戦時に適用する陸軍戦時給与規則（明治二七年七月、勅令第一三三号）があった。また、樺太、台湾、満州等の外地が増えた結果、その地方限定の給与規程も作られていった。さらに、陸軍給与令の例外通達等が多数作られていったのである。

平時の部隊では、事務手続きに精通した准尉が各規程に基づき処理していた。このあたりは、山本七平の『一下級将校の見た帝国陸軍』にその描写がある。「軍隊には『成規類聚』という膨大な軍隊内規・内則集があり、これの生き字引といわれる人がいて、この十五年間、すべてはこれと先例に基づいて〝自転〟していた。それは通常中隊事務室にあって、准尉が管理していた」という。[93]

しかし、日中戦争に伴う動員により部隊数が大幅に増加し、管理する人材が払底した結果、支給ミスが頻発している。その具体的な内容については、陸軍省監査課の「臨時軍事費支払上の注意事項集録」に記載されているので、興味のある読者はアジア歴史資料センターHPで是非ご覧いただきたい。そのなかでいかにもお役所的な処置は、「小額過誤払金の整理方法」であろう。転勤者や遠隔地勤務者に対する給与支給額を間違えた場合、後から支給したり返納させたりすると手間ばかりがかかってしまう。そのため、五円（約二万五〇〇〇円）以下の場合は、本人から言われない限りそのままにして処理してしまうというものである。従来は、旅費に関しての処理のみ会計検査院の了解を得ていたものの、この件に関しても同様に了解を取ったと通知している。[94]

92　陸軍大臣「年末賞与ニ関スル件」ＪＡＣＡＲ［アジア歴史資料センター］、陸軍大臣「年末賞与特別増加ニ関スル件」ＪＡＣＡＲ［アジア歴史資料センター］
93　山本七平『一下級将校の見た帝国陸軍』文春文庫
94　陸軍省監査課「臨時軍事費支払上ノ注意事項集録」ＪＡＣＡＲ［アジア歴史資料センター］

このように、規程が複雑になってしまい過誤が多発したことから、陸軍省経理局で抜本的な対策を採ることになった。具体的には、陸軍給与令、陸軍戦時給与規則、各種の給与規程等を統一する形で、大東亜戦争陸軍給与令（昭和一八年七月、勅令第六二五号）を新たに制定した。これにより、適用停止勅令が五件、廃止勅令が一四件、適用停止達が五件、廃止達および通牒が五三件となっている。[95]いかに給与関係規程が多く、複雑化していたかが理解できるだろう。

平時の加俸

それでは、陸軍給与令、陸軍戦時給与規則、大東亜戦争陸軍給与令等を比較する形で、主な平時の加俸や戦時加俸の実態を見ていこう。[96]まずは、平時給与である。

隊長加俸

陸軍給与令では、第一表俸給の備考二で、連隊長又は独立隊長の職にある佐官に対し、年二〇〇円以内を加給するとなっていた。細部は、陸軍大臣が陸軍給与令細則で定めており、歩兵、鉄道、電信連隊長が二〇〇円、騎兵、砲兵連隊長および独立部隊の長は、一五〇円だった。砲兵連隊長よりも鉄道や電信連隊長の方が高い理由は、何であろうか。少し不思議である。月あたり一六・七円か一二・五円の増給である。現在価値になおすと、毎月約八万四〇〇〇円か約六万三〇〇〇円が加算されていたことになる。

大東亜戦争陸軍給与令では、独立隊の隊長で佐官を充てる職にある佐官又は大尉に支給された。こちらは月額であり、甲が二五円、乙が二〇円、丙が一五円であった。現在価値になおすと、それぞれ約一二万五〇〇〇円、約一〇万円、約七万五〇〇〇円である。ちなみに、甲乙丙の区分は、大東亜戦争陸軍給与令細則に規定されていた。隷下の中隊数によって分けられ、甲は一四中隊以上、乙は七中隊以上、丙だと六中隊以下の部隊長である。たとえば、三単位編成の歩兵連隊の場合、歩兵中隊三隊で構成される大隊が三（三×三＝

95　陸軍省「大東亜戦争陸軍給与令」JACAR「アジア歴史資料センター」、陸軍省副官「大東亜戦争陸軍給与令、同細則ノ制定ニ伴ヒ適用又ハ廃止トナル達、通牒ニ関スル件」JACAR「アジア歴史資料センター」

96　陸軍省「陸軍給与令」JACAR「アジア歴史資料センター」、陸軍省「陸軍給与令細則」JACAR「アジア歴史資料センター」、陸軍省「陸軍戦時給与規則」JACAR「アジア歴史資料センター」、陸軍省「大東亜戦争陸軍給与令細則」JACAR「アジア歴史資料センター」

九）と、その他に歩兵砲中隊×一、対戦車砲中隊×一なので、合計一一中隊となり、乙に該当する。

北海道在勤加俸

これは、北海道に勤務する准士官以上、営外居住または外宿の下士官兵に支払われた加俸である。現代の感覚でいうと、僻地手当と寒冷地手当が一緒になったようなものであろうか。陸軍給与令と大東亜戦争陸軍給与令ともに同じ金額であった。月額、大将四四円、中将三三・五円、少将二二・三円、大佐一八円、中佐一五・七円、少佐一三・四円、大尉八・七円、中尉七・七円、少尉七円、准士官六・五円。下士官は、曹長四円、軍曹三円、伍長二・五円、そして、兵長、上等兵が二円であった。現在価値で毎月約二二万円から約一万円の範囲で加算されていた。

外地在勤加俸

樺太、台湾、朝鮮および満州に駐屯する部隊用の給与令（給与規則）ならびにその細則がそれぞれ制定されていた。現在でいえば、海外勤務手当というところだろうが、当時は日本領なので、僻地手当に近い意味合いだったかもしれない。

台湾、朝鮮、関東州（日露戦争で日本が得た租借地）における下士官以下の在勤加俸は、次のとおりである。

営外居住または外宿者の場合、曹長が一等三七・八円、二等三四・二円で、軍曹は一等三〇・六円、二等二八・七円、三等二七円、四等二五・二円、伍長が一等二三・四円、二等二二・五円、兵長・上等兵が二〇・七円であった。月あたり現在価値で約一九万円から約一〇万四〇〇〇円の範囲で加算されている。

営内居住者の場合、曹長二等七・五円、軍曹は一等六・四五円、二等五・四円、三等四・五円、四等三・九円、伍長が一等二・八五円、二等二・三四円、兵長が一・三八円、上等兵が一・二円、一等兵・二等兵が〇・九九円であった。月あたり現在価値で約四万円から約五〇〇〇円の範囲で加算されていた。

また、各種の給与規程が統合された大東亜戦争陸軍給与令および細則では、図表18のとおりになった。営内居住下士官兵の支給率と、千島の在勤加俸が追加された尉官の最低保証額が上がっている。千島が追加されたのは、ミッドウェー作戦と同時期に行われた昭和一七年六月のアリューシャン作戦で、アッツ島やキスカ島を占領していたためである。

図表18　大東亜戦争陸軍給与令細則による外地在勤加俸一覧表

区分	千島（南千島を除く）	樺太	南千島 朝鮮 台湾 関東州	満州国
将校	10分の6	10分の5	10分の4	10分の5
准士官	10分の7	10分の6	10分の5	10分の6
営外居住又は外宿の下士官兵	10分の8	10分の7	10分の6	10分の7・5
見習士官又は営内居住下士官兵	10分の5	10分の4	10分の3	10分の4

ただし在勤加俸が左の金額に達しない場合、当該金額を支給する。

大尉（一、二等給）	95円	83円	68円	85円
尉官（大尉の一、二等給を除く）	93円 ただし10分の8を超える場合は10分の8まで	80円 ただし10分の7を超える場合は10分の7まで	66円 ただし10分の6を超える場合は10分の6まで	83円 ただし10分の7・5を超える場合は10分の7・5まで

年功加俸、勤続加俸

年功加俸は、准士官又は下士官から将校に任命された者で、下士官になってから一定の年数が経過した場合に支払われている。陸軍給与令では一二年、大東亜戦争陸軍給与令では六年と定められていた。陸軍給与令では一律一〇円（陸軍軍人俸給臨時特例〔昭一四・七・二勅令四九〇〕では、一七年以上の者は二〇円に増額されていた）、大東亜戦争陸軍給与令だと、特別三五円（下士官から将校まで二一年を超えた者）、一等二〇円（一三年経過）、二等一〇円（六年経過）である。現在価値で月あたり約一七万五〇〇〇円から約五万円の範囲で加算されていたことになる。

勤続加俸は、准士官に任命されてから三年（陸軍給与令）を経過した者に五円支給されていた。これが大東亜戦争陸軍給与令になると、准士官の場合四年以上、曹長又は軍曹だと二年以上で、その階級の一等給を受けている者となる。支給範囲が増えたもののハードルが陸軍給与令より上がっている。准士官は一等が三五円（一等級になってから八年経過）、二等が一五円、曹長・軍曹は五円支給されていた。現在価値で月あたり約一七万五〇〇〇円から約二万五〇〇〇円の範囲で加算されていたことになる。

営外加俸

これは、営外に居住する下士官、兵に支給された加俸になる。営内では食事が現物支給だったため、食費と家賃に相当する分が現金で支給されたものである。曹長二等三〇円、軍曹一等三三円、軍曹二等、三等、四等、伍長一等および二等がすべて三五円、兵長三五・四円、上等兵三六円であった。こちらは他の加俸と異なり、階級と等級が下の方ほど支給額が増えている珍しい例となっている。現在価値で月あたり約一八万円から約一五万円の範囲で加算されていた。なお、大東亜戦争陸軍給与令では、この加俸は見当たらない。

外宿手当

外宿の下士官兵には手当が支給された。陸軍給与令では、曹長二等三〇円、軍曹一等三三円、軍曹二等、三等、四等、伍長一等、二等がすべて三五円、兵長三五・四円、上等兵三六円となっており、営外加俸と同額だった。大東亜戦争陸軍給与令では、下士官・兵長が三〇円、上等兵が三三円である。区分が簡素化され、支給額も若干減少している。陸軍給与令の営外加俸がここに吸収されたのかもしれない。営外加俸と同様に、現在価値で月あたり約一八万円から約一五万円の範囲で支給されていた。

戦地に入れば給与は倍額

次に戦時給与である。

戦時増俸

戦時等により事務が繁忙な部隊にいる者に支払われた。また、大東亜戦争陸軍給与令では、出戦又は戦備の態勢を整えた部隊も追加された。こちらは、平時給与から、後述する戦地増俸への繋ぎの役割を果たしたのだろう。基本的に、戦地に対する調達補給関係で繁忙な部隊に支給されたようである。

陸軍戦時給与規則では、准士官以上が俸給の五分の一、下士官以下は給料の四分の一を増給することになっていた。大東亜戦争陸軍給与令細則では、内地の場合、准士官以上が俸給の一〇分の二、下士官兵には一〇分の二・五が増額された。ただし、尉官および准士官で月額二〇円に満たない場合は、二〇円が支給された。千島・樺太・満州では、外地在勤加俸の他に、准士官は俸給の一〇分の一が、下士官兵に対しては一〇分の一・五が増額された。ただし、尉官および准士官で月額一二円に満たない場合は、一二円が支給された。朝鮮および台湾の場合、外地在勤加俸と内地で支給される戦時増俸を比較し、多い方が支給された。

出戦手当

こちらは、①戦地に出発するとき、②所属部隊が動員態勢を完了し出発するとき、③戦地に指定された地域にあるとき、のいずれかに該当する場合、一回のみ支給される手当である。これで軍装品を整えるようにとの趣旨だろう。

図表19を見ると、陸軍戦時給与規則よりも大東亜戦争陸軍給与令の方が、支給額が増加している。インフレを考慮して増額したものと思われる。大東亜戦争陸軍給与令で、現在価値で大将の約三六〇万円から上等兵の約四三万円の範囲で支給されていた。

戦地増俸

戦地に出発した日から戦地外に到着する日まで支給されていた。陸軍戦時給与規則では、准士官以上が俸給の一〇分の五、下士官以下が給料の一〇分の六を増額していた。ただし、

図表19　陸軍戦時給与規則及び大東亜戦争陸軍給与令　出戦手当一覧表

階級	金額	
大将	600円	710円
中将	400円	450円
少将	300円	400円
大佐	250円	330円
中佐	230円	310円
少佐	200円	290円
大尉	160円	250円
中、少尉	140円	230円

階級	金額	
准士官　准尉	120円	200円
曹長	85円	170円
軍曹	70円	145円
伍長	55円	120円
兵長　上等兵	45円	85円
雇員月給35円以下	30円	
傭人	15円	

注1　右側が陸軍戦時給与規則、左側が大東亜戦争陸軍給与令の金額。
注2　陸軍戦時給与規則では、雇員月額五〇円以上は伍長の五五円、雇員月給五〇円未満は兵長、上等兵の四五円となる。大東亜戦争給与令細則では、嘱託員、雇員の給料月額三〇〇円以上は二九〇円、給料月額一七〇円以上三〇〇円未満は二三〇円、給料月額一一〇円以上一七〇円未満は二〇〇円、給料月額五〇円以上一一〇円未満は一二〇円、給料月額五〇円未満は八五円、傭人は五五円であった。

尉官又は准士官で、増加額が四二・五円に満たない者には、四二・五円まで支給することができた。准士官以上は、現在価値でみると最低でも毎月約二一万円の増加支給が保証されていたことになる。

　大東亜戦争陸軍給与令だと、さらに割増率がアップしている。准士官以上は、俸給の一〇分の一一以内、下士官以下がなんと一〇分の一五以内である。もっとも、実際の支給額は、大東亜戦争陸軍給与令細則に定額が規定されている。

それが図表20である。戦地にもよるが、大体俸給月額か給料額と同じ額が支給されていた。つまり、戦地に入ると、通常支給額の倍額が貰えたと考えて良さそうである。大将の月額五四五円から二等兵の月額七円まで、現在価値で約二八〇万円から約三万五〇〇〇円が支給されていたことになる。

被服装具亡失手当

これは准士官以上が、戦地あるいは戦地との往復途中で船舶の沈没等により、被服装具を亡失した場合に支給される手当である。陸軍戦時給与規則の場合、尉官以上が三〇〇円（約一五〇万円）以内、准士官が二七〇円（約一三五万円）以内で支給された。

これが大東亜戦争陸軍給与令になると、階級ごとに細分化されている。将官が四四〇円（約二二〇万円）、佐官が四〇〇円（約二〇〇万円）、尉官が三六〇円（約一八〇万円）、准士官が三二〇円（約一六〇万円）であった。ただし、戦地にあっては、現金が支給されても被服装具を揃えることが非常に難しかったという。国内であればまだ販売しているが、戦地では到底ムリであったろう。

図表20　大東亜戦争陸軍給与令細則　軍人戦地増俸一覧表

単位：円

区分		月額 支那	月額 タイ・仏領インドシナ	月額 その他の戦地
	大将	470	495	545
	中将	410	435	480
	少将	355	375	410
	大佐	300	315	345
	中佐	235	245	270
	少佐	175	180	200
	大尉	125	130	145
	中尉	95	100	115
	少尉	90	95	105
	見習士官	40	45	50
	准尉	95	100	110
営外居住下士官	曹長一、二等	75	80	85
	曹長三、四等	60	65	70
	軍曹	55	60	65
	伍長	50	55	60
	兵長	45	50	55
営内居住下士官兵	曹長	37	38	41
	軍曹	30	31	34
	伍長	23	24	27
	兵長	15	16	18
	上等兵	12	13	14
	一等兵	10	11	12
	二等兵（甲）	10	11	12
	二等兵（乙）	7	8	9

出所）大東亜戦争陸軍給与令細則　第十一表

死亡賜金で相続争い

次に、戦死又は戦病死した場合、どのようなものが遺族に対して支給されていたのだろうか。

死亡賜金

死亡賜金は、遺骨等を遺族に引き渡した部隊が支払っていた。陸軍給与令および大東亜戦争陸軍給与令に規定されており、いずれも同額だ。図表21のとおりであり、大将の二二〇〇円（約一一〇〇万円）から二等兵の一五〇円（約七五万円）までである。

この他に、満州事変、ノモンハン事変、日中戦争、大東亜戦争等での戦死・戦病死者等に支給された死没者特別賜金があった。昭和六年の満州事変の際に制定された死没者特別賜金賜与規則が前例となっており、いずれも一時金である。[97] そして、申請規程はあるものの、実際の支給額については全く不明だ。ただし、恩給法に基づき遺族に支払われる扶助料（現在の遺族年金に相当）に関して説明した資料に、次のような記載がある。「死没者特別賜金の外に、扶助料も裁定迄相当の期間を要するので、初回の支給に当っては相当まと

図表21　陸軍給与令及び大東亜戦争陸軍給与令　死亡賜金一覧表

階級	金額	階級	金額
大将	２２００円	見習士官	３８８円
中将	１９３４円	准士官	
少将	１６６７円	曹長	２８５円
大佐	１３８４円	軍曹	２５５円
中佐	１１７３円	伍長	２２５円
少佐	９６５円	兵長	２００円
大尉	７０６円	上等兵	１８０円
中尉	５２０円	一等兵	１６５円
少尉	４３４円	二等兵	１５０円

注　准士官で一等級を受けるものの死亡賜金は少尉の額とする。

まった金額として支給され」るため、「本賜金その他の恩典をめぐって遺族間中に遺産相続争いを起こす」場合があると指摘しているのだ。[98] 資料にわざわざ記述されるほどだから、実際に相続争いが相当あったのだろう。ちなみに、扶助料は大将の場合で年間三〇〇〇円（約一五〇〇万円）、二等兵の場合だと二七〇円（約一三五万円）である。命の値段も階級により異なっていたということだ。も

97　陸軍省人事局恩賞課「今回ノ事変ニ因ル死歿者特別賜金ニ関スル件」JACAR［アジア歴史資料センター］
98　松島歳巳『軍事援護事務』大阪市社会部軍事援護課

図表22　陸軍戦時給与規則及び大東亜戦争陸軍給与令による埋葬料・葬祭料

階級	埋葬料・葬祭料　金額（円）
将官	105.00
佐官	82.50
尉官	67.50
准士官（見習士官）	52.50
下士官 憲兵兵長（士官候補生）	45.00
兵（諸生徒）	37.50

注1　（ ）は、大東亜戦争陸軍給与令で追加。
注2　憲兵兵長は、大東亜戦争陸軍給与令で削除。

っとも、東北などの貧しい農村では、貴重な現金収入になっていたと思われる。そのため、遺族間での骨肉の争いが起こるのも当然かもしれない。

埋葬料および葬祭料

一言でいうと、国が支給する葬儀代である。陸軍戦時給与規則の埋葬料と大東亜戦争陸軍給与令の葬祭料は同じ金額である。図表22のように、将官一〇五円（約五三万円）、兵三七・五円（約一九万円）の範囲で支給されていた。今の感覚からするとかなり少ないような気もするが、死亡賜金も支給されるので、これで十分だったのかもしれない。

以上が軍人給与の主なものである。なお、本章末の付録2に階級別年収をまとめたので、そちらも参照してほしい。

エリートたちは給料を二重取り

召集された兵士のなかにも格差があった。

この当時、帝国大学、大学、専門学校および高等商業学校を卒業し、三井物産や三菱重工業といった一流の大企業に就職したエリートたちは高い給与をもらっていた。東京帝国大学出身者の初任給が七〇円程度といわれており、戦前・戦中は出身学校のランクにより初任給に差がつけられていた。そして、彼らには、軍に徴兵されても企業から給料が引き続き支給されていた。これが出征手当と呼ばれるものである。これに対して、中小企業である町工場の職工や商店で働いていた大多数の者たちは、徴兵されると解雇される例が多かった。

また、頭の良いエリートたちは、幹部候補生試験を受験すれば大体合格している。そして、六割程度が甲種となり、将校である少尉に任官している。ただし、中には乙種となり、下士官である伍長に任官した者もいる。これは、学校で軍事教練を教えた配属将校から、教練時の態度が悪いとか、その他の理由で将校不適格と判定された場合が多かったようである。

つまり、将校となったエリートたちは、毎月七一円の俸給の他に、元の職場から七〇円程度の給料も貰っていたのである。まさに給料の二重取りである。

これに対して、大多数の者たちは、解雇された上に二等兵である。一家の大黒柱が徴兵された場合、残された家族は困窮する例が多かった。これらに関しては、一ノ瀬俊也が『皇軍兵士の日常生活』の第三章「兵士と家族——戦争の『不公平』」で詳しく述べている。興味のある読者は、こちらをご覧いただきたい。[99]この出征手当（『皇軍兵士の日常生活』では応召手当と記述）が支払われた理由について、会社に対する忠誠心をつなぎとめ、召集解除後にまた働いてもらうのが目的だったとしている。それだけ、当時の学卒者等が大企業にとって貴重であったということだろう。また、応召手当の支払いができたのは、国が調達する際の製品価格に転嫁できたからであるとしている。

そして、日本経済連盟会が開いた昭和一七年一一月一七日の「戦時における労務者および職員の応召入営およびその他の被召集者に対する待遇基準案に関する官民懇談会」（以下「待遇基準案官民懇談会」と略）を取りあげている。この会議の速記録から、企業からすると応召手当が負担であり、コストカットが主目的で待遇基準案を議論したとしている。

しかし、なぜ企業が負担と感じるようになったかについての記述はない。国が調達する際の製品価格に転嫁されているのであれば、企業が負担に感ずることはないであろう。なぜなら、応召手当を価格に上乗せしているからである。

では、これがなぜ昭和一七年一一月になり、突如として負担に感じられるようになったのか。答えは、軍や国が調達価格を決定する基準にしていた原価計算規程の改定にある。

まず、昭和一四年一〇月に制定された別冊「陸軍軍需品工場事業場原価計算要綱」（以下「陸軍要綱」と略）では、出征手当について、原価（コスト）であると規定している。具体的には、第二五条の一般管理費を構成する原価要素として、「一四　出征手当」とは「工場および一般管理および販売部従業員に対する出征手当を言う」と明確に規定している。[100]このため、陸軍と取引のある企業としては、何のためらいもなく応召者に給与を支払うことができたといえる。

これに対して、昭和一七年四月一日に閣令・陸軍省令・海軍省令第一号「原価計算規則」が公布され、その別冊「製造工業原価計算要綱」（以下「企画院要綱」と略）が新たに

99　一ノ瀬俊也『皇軍兵士の日常生活』講談社現代新書

100　陸軍省編纂「別冊　陸軍軍需品工場事業場原価計算要綱」内閣印刷局

制定されている。この企画院要綱は、陸軍要綱と「海軍軍需品工場事業場原価計算準則」（昭和一五年一月制定）の規定の違いにより企業が混乱した反省から、両者を統一し、国全体の統一原価計算規程となった。そして、企画院要綱では、「第二十　一般管理及販売費の分類」中、一般管理及販売費の原価要素区分から出征手当が消えている。また、他の部分にも出征手当は規定されていない。[101]この改定により、出征手当は原価（コスト）として容認されなくなったのである。

つまり、各官庁や陸海軍が企業から物品を調達する場合、あるいは公定価格を設定する際、企業が価格に出征手当を上乗せすることが全くできなくなった。このため、出征手当は企業側の持ち出しとなり、かなり負担に感じるようになったのだろう。企業としては、自社だけが出征手当の支払いを止め、召集が解除された社員に他の企業に移られては困る。そのため、待遇基準案官民懇談会を行い、同一歩調を取ろうとしたと考えられる。これが真相であろう。

101　企画院編纂「原価計算規則　別冊製造工業原価計算要綱」内閣印刷局

［付録2］ 階級別年収まとめ

師団長（中将）、連隊長（大佐）、大隊長（少佐）、中隊長（大尉）、小隊下士官（曹長）、分隊長（軍曹）、兵の年収がいくらだったのか、平時（内地）と戦時（その他の戦地）でまとめておきたい。俸給等に複数の等級がある場合、一等級で計算している。

師団長（中将）

［平時］

五八〇〇（俸給）＋（一一二〇＋六四〇＋一八七〇）（賞与）＝九四三〇円（約四七〇〇万円）

［戦時］

五八〇〇（俸給）＋四八〇×一二（戦地増俸）＋四五〇（出戦手当）＋（一一二〇＋六四〇＋一八七〇）（賞与）＝一万五六四〇円（約七八〇〇万円）

連隊長（大佐）

［平時］

四四四〇（俸給）＋二五×一二（隊長加俸）＋（七二七＋四一五＋一二九五）（賞与）＝七一

七七円（約三六〇〇万円）
［戦時］
四四四〇（俸給）＋二五×一二（隊長加俸）＋三四五×一二（戦地増俸）＋三三〇（出戦手当）＋（七二七＋四一五＋一二九五）（賞与）＝一万一六四七円（約五八〇〇万円）

大隊長（少佐）

［平時］
二六四〇（俸給）＋一五×一二（隊長加俸）＋（四〇八＋二三五＋七七〇）（賞与）＝四二三三円（約二一〇〇万円）
［戦時］
二六四〇（俸給）＋一五×一二（隊長加俸）＋二〇〇×一二（戦地増俸）＋二九〇（出戦手当）＋（四〇八＋二三五＋七七〇）（賞与）＝六九二三円（約三五〇〇万円）

中隊長（大尉）

［平時］
一八六〇（俸給）＋（三三三＋一九〇＋五四五）（賞与）＝二九二八円（約一四六〇万円）

［戦時］

一八六〇（俸給）＋一四五×一二（戦地増俸）＋二五〇（出戦手当）＋（三三三＋一九〇＋五四五）（賞与）＝四九一八円（約二五〇〇万円）

小隊下士官（曹長）

［平時］

七五×一二（給料）＋五×一二（勤続加俸）＋（一六五＋一〇〇＋二七〇）（賞与）＝一四九五円（約七五〇万円）

［戦時］

七五×一二（給料）＋五×一二（勤続加俸）＋八五×一二（戦地増俸）＋一七〇（出戦手当）＋（一六五＋一〇〇＋二七〇）（賞与）＝二六八五円（約一三四〇万円）

分隊長（軍曹）

［平時］

三〇×一二（給料）＋三〇×一二（外宿手当）＋五×一二（勤続加俸）＋（一三二＋八〇＋二二〇）（賞与）＝一二一二円（約六一〇万円）

［戦時］

三〇×一二（給料）＋三〇×一二（外宿手当）＋五×一二（勤続加俸）＋六五×一二（戦地増俸）＋七二・五（出戦手当）＋（一三二＋八〇＋二二〇）（賞与）＝二〇六五円（約一〇三三万円）

※外宿手当受給者は出戦手当が半額となる（大東亜戦争陸軍給与令細則第一一八条）。

二等兵↓一等兵（入営から半年経過後）

［平時］

九×一二（給料）＝一〇八円（約五四万円）

［戦時］

九×一二（給料）＋一二×一二（戦地増俸）＝二五二円（約一二六万円）

［コラム1］日中戦争から始まった留守宅渡し

もともと、陸軍戦時給与規則細則（明治二七年八月六日、陸達第九三号）の第一二条で、営外者の留守宅渡しについて規定されていた。平時の場合は、俸給・給料は本人に対して直接現金で手渡しされる。ただ、軍人が戦地に出征する場合に、同じように本人に手渡しされると、残された家族が困窮してしまう。そのため、留守家族に対して俸給・給料等を支給する規定が作られたのだ。[102]

日中戦争が始まると、陸軍戦時給与規則細則に対する特別規程として「支那事変に関し軍人軍属の俸給留守宅渡に関する件」（昭和一二年一一月三〇日、陸支普第一四六八号、以下「支那事変留守宅渡」と略）が発出されている。陸軍戦時給与規則細則は、准士官以上と営外居住の下士官が対象であったが、支那事変留守宅渡では、営内居住の下士官兵まで対象が拡大されている。俸給、給料、手当、増給の全部又は一部を本人の指定する者に受領させることができるという規定であった。ただし、営内居住の下士官兵だけは、給料および増給の全部か、給料の全部でないと留守宅渡しができなかった。[103]

102　陸軍大臣伯爵大山巌「経理軍務　陸軍戦時給与規則細則」ＪＡＣＡＲ［アジア歴史資料センター］
103　陸軍大臣「支那事変ニ関シ軍人軍属ノ俸給留守宅渡ニ関スル件」ＪＡＣＡＲ［アジア歴史資料センター］

その後、「陸軍軍人軍属の俸給給料等の留守宅渡に関する件」（昭和一八年二月九日、陸亜普第一九二号、以下「大東亜戦争留守宅渡」と略）が発出されている。こちらは、満州、千島および戦地にいる部隊が対象であった。また、准士官以上か営外居住の下士官で、所属部隊所在地に家族を帯同しない者が対象となる。そして、以下に掲げる給与金額について、指定者に受領させなければならなかった。支那事変留守宅渡では、留守宅渡しをするかどうかについて全くの任意だったが、大東亜戦争留守宅渡になると強制という違いがある。

① 俸給（給料および手当を含む。以下同じ）　全額
② 年功加俸、勤続加俸、技術加俸　各全額
③ 戦時増給のうち臨時家族手当相当額（ただし、戦時増給の全額が臨時家族手当の全額に達しない場合は、戦時増給の全額）
④ ①〜③以外の戦時増給　任意の額
⑤ 賞与（年末、年末追給、年度末および臨時賞与。特別増加の賞与は除く）
支給区分の最高額の各半額

※満州、千島および戦地にある部隊の営内居住下士官で臨時家族手当の支給を受けている者は、臨時家族手当の全額又は戦時増給を本人の指定する者に受領させる。

●その他

満州、千島および戦地にある部隊の営内居住下士官兵は、俸給又は戦時増給の全部又は一部を本人の指定する者に受領させることができる。

●例外

特にやむを得ない場合は、所属部隊長の許可を受けた場合に限り、留守宅渡しの金額を増減するか、留守宅渡しをしないことができる。[104]

③に出てきた「臨時家族手当」とは、いったい何であろうか。これは昭和一七年四月一日に施行された「臨時家族手当給与令」が大元である。これに基づき制定されたのが「陸軍臨時家族手当支給規則」だ。同一戸籍内にある扶養家族中、月額四〇円以上の収入がある者を除き、一人につき五円が支給された。

実際に留守宅渡しをする場合、どの程度の金額になったのであろうか。中隊長（大尉）の月額を例として計算してみよう。なお、臨時家族手当は四名分とする。

104　陸軍大臣「陸軍軍人軍属ノ俸給給料等ノ留守宅渡ニ関スル件」JACAR［アジア歴史資料センター］

中隊長（大尉）

俸給が一五五円、戦地増俸が一四五円、その他に賞与が三三三円（追給）、一九〇円（臨時）、五四五円（年末）である。このうち毎月留守宅渡しになるのが、次の金額である。

一五五－一・五五（国庫納金）＋五×四（臨時家族手当）＝一七三・四五円（留守宅渡し）

一四五－五×四（臨時家族手当）＝一二五円（本人支給額）

現在価値で、毎月留守宅には約八七万円が、本人には約六三万円が支給された計算になる。賞与は支給区分の最高額で試算しているので、それぞれ半額の五三四円（約二六七万円）が留守宅と本人に支給される。

　控除されている国庫納金とは、恩給のための負担額である。現在における厚生年金保険料に相当する。昭和八年の恩給法改正により、昭和九年四月一日以降、軍人でも国庫納金が必要となった。裏を返せば、軍人の場合それまでは、全く納付する必要がなかったのである。国庫納金の基礎額は、俸給・給料の他に隊長加俸、年功加俸および勤続加俸を加算した額になる。そこに一％を乗じた金額が国庫納金となる。ちなみに、現在の厚生年金の負担額は、標準報酬月額に対して、公務員は平成三〇年九月から一ヵ月あたり九・一五％になった。いかに昭和期の軍人が恵まれていたのか理解できよう。[105]

なお、この国庫納金は、事変地や戦地にいる場合、手続きが煩雑なため納付が免除されていた。ただし、俸給給料の留守宅渡しをしている場合は、除外されている。そのため、留守宅渡しのうち基礎額相当分に納付割合（一％）を乗じた分が国庫納金となっている。[106]

ちなみに小隊長（少尉）なら、留守宅渡しが九〇・二九円（約四五万円）、本人支給額は八五円（約四三万円）である。賞与は、それぞれ二四二円（約一二一万円）が支給される。分隊長（軍曹）の場合は、留守宅渡しが八一・五円（約四一万円）、本人支給額は四五円（約二三万円）である。賞与はそれぞれ二一六円（約一〇八万円）だった。

なお、これらの留守宅渡しは日中戦争から郵便振替を使用して支給するようになった。もともとは留守部隊等が一軒一軒手渡ししていたようだが、留守宅渡しが急増して事務が煩雑になってきたところ、ある経理部将校が郵便振替を利用するナイスアイデアを思いついた。

105　陸軍省監査課「恩給国庫納金ニ於ケル軍人俸給ノ基礎額ニ関スル件」ＪＡＣＡＲ「アジア歴史資料センター」、陸軍省監査課「軍人ノ恩給国庫納金ノ開始期ニ関スル件」ＪＡＣＡＲ「アジア歴史資料センター」

106　陸軍省副官「事変地ニ於ケル陸軍軍人軍属ノ恩給国庫納金免除ノ取扱方ニ関スル件」ＪＡＣＡＲ「アジア歴史資料センター」

逓信省に対する面倒の丸投げである。このため、逓信省も冗談ではないと猛抗議してきたという。当然である。陸軍としては、非常時であり出征家族が安心確実に受領できるよう協力頂きたいと丁重に要請し、何とか特例として認められたという。[107]

107　柴田隆一・中村賢治『陸軍経理部』芙蓉書房

［コラム２］中千島駐屯師団を救った経理部魂

陸軍経理学校では、学生に対して「陸軍経理は戦況に即応し常に迅速確実に軍需諸物件を調達補給し、作戦遂行を推進助長しなければならないが、同時にこれを適法かつ経済的に処理することもまた極めて重要」であると教育していた。[108] 陸軍経理部将校として従軍経験のある防衛庁調達実施本部ＯＢは、「陸軍経理の本分は戦勝にありと陸軍経理学校で教育を受けた」と述べている。

では、もし、戦力の発揮のためにどうしても必要な補給物資が、既に海軍によって押さえられていて入手できない場合、あなたならどうするであろうか。これは、その物資入手に尽力した経理部将校の話である。

千島列島の中千島（得撫島《うるつぷとう》）を守備していた第四二師団では、兵隊が歩いている最中にバタバタ倒れて死ぬ怪異が頻発していた。その原因は、なんとビタミンＣの欠乏症であった。予防と治療に効果があるのは番茶であったが、航海経験豊富な海軍がすでに番茶を海軍の統制物資としてしっかり押さえており、海軍の切符がない限りその入手は不可能であった。

108　陸軍経理学校「一般経理教程」陸軍経理学校

しかし、そんな状況のなか、第四二師団の柴田昌郎主計大尉は、師団長より師団の命運を握る番茶入手の特命を帯びて内地に帰還すると、無事に任務を果たし、帰りは番茶を航空機に積めるだけ積んで持ち帰ったというのだ。

はたして、柴田主計大尉はどのような手段でそんな離れ業をやってのけたのだろうか。なんと、海軍の切符を偽造したのだという。このエピソードを記述している『陸軍経理部』は、「もちろん法を犯すのであるから、後でわかった場合の責任等は、全部自分で負うつもりの行動であったろうが、そのときの経理官としては応急な処置であると思う。補給の使命感が占守島《しゅむしゅとう》幾多兵士の生命を救ったものと信ずる」と総括している。[109]

では、この偽造事件の真相は、実際のところどうであったのだろうか。後に本人が座談会で語ったところでは、次のとおりである。

> 体内にビタミンCを有効に取り入れるには、抹茶が一番であることが分かったものの、宇治に一軒だけあった抹茶屋は、海軍がしっかり押さえていた。そのため、一度、海軍省がある虎ノ門まで帰り、近くの郵便局から「海軍省衣糧課長」名で、「勲部隊柴田主計大尉が行くから、譲渡されたい」と電報を自分で打って、再び抹茶屋に行き、「海軍省から電報来たか」と聞くと「ああ、来てます」、「じゃ渡してくれ」というやりとりで抹茶を入

手した。

抹茶屋が海軍に対して言い訳できるようにしたのである。正規ルートではないが、なかなかうまい臨機応変なやり方で抹茶を入手したといえよう。そして持ち帰った抹茶は、飯に混ぜたりしてふりかけ代わりに使用したという。この抹茶によるビタミンCの補給は、軍医によるビタミン注射よりも効果があったと、先の座談会で本人が述べている[110]。

それ以降、千島列島ではビタミンC欠乏による死者は出ていない。この功績により、柴田主計大尉は何百人抜きで主計少佐に昇任している。

なお、『陸軍経理部』の記述が本人談と異なるのは、『偕行記事』からの摘録のためである。これは、当時の『偕行記事』が戦意高揚の観点から、話をかなり盛った可能性が高いといえよう。

---

109 柴田隆一・中村賢治『陸軍経理部』芙蓉書房、若松会編『陸軍経理部よもやま話』若松会

110 若松会編『陸軍経理部よもやま話』若松会

［コラム3］陸軍の給養向上施策について

陸軍の兵食は、前述したように定量が決まっていたものの、味に関する規定は皆無である。そのため、味は決して褒められたものではなく、兵役についた世代に味音痴が多いのは、兵食のせいではないかといわれているほどだ。[111]

もっとも、陸軍でも味に関して決して無頓着だったわけではない。おいしい料理は総じて栄養価が高いので、同じ定量でも味の良し悪しで栄養価が異なることになる。基本的に同じ定量のはずなのに、ある連隊の兵は発育が良く、別の連隊の兵の発育はそれほどではないといった事象が発生する。そのため陸軍では、常に給養の向上に関心を寄せ、調理マニュアルを配布したり、調理講習を開催したりしていた。また、調理員を軍属（傭人）として採用し、さらに戦時には中国戦線に派遣したりといった施策を行っていたのである。

調理マニュアルは明治の頃からあり、最初のものは戦用糧食品である乾燥野菜の調理法を記述した明治三八年一二月の「乾物野菜調理法」である。[112]これは新陳交換（先入先出で古いものを調理し、新しいものを一定期間倉庫で戦用品として保管する）のため古い乾燥野菜を兵食の副食に調理する際のレシピ本だ。ただ、揚げ物の記述が多いことと、材料の分量に関する記述が全くないのが難点だった。その後、「軍隊料理法」が明治四三年五月に、[113]さらに

「軍隊調理参考書」が大正一二年五月に編纂されている。「軍隊調理参考書」は、各部隊における調理を実施する際の参考資料として陸軍糧秣廠から必要な部隊に送付された。中を見ると、第一編は「調理一般の心得」となっており、「第一節　総説」、「第二節　火の焚き方」、「第三節　洗い方」、「第四節　切り方」、「第五節　煮方」、「第六節　蒸し方」、「第七節　焼き方」、「第八節　揚げ方」について調理に必要な理論と技術が記述されている。特に「第四節　切り方」では、鳥、豚および兎の屠殺と解体法についての記述がある。これは、現地徴発による野戦調理も念頭に置いていたのだろう。

第二編は「調理法」であり、「第一節　主食」、「第二節　煮物」、「第三節　汁物」、「第四節　焼物」、「第五節　揚物」、「第六節　和物」、「第七節　加給品」、「第八節　麺麭《パン》副食嘗物《シロツプ》等」、「第九節　漬物」、「第十節　食品の簡易製法」となっていた。

第三編は「食品の鑑定法」であり、「第一節　米麦及乾麺麭《パン》類」から「第十六節　燃料」までの記述がある[114]。

111　伊藤桂一『兵隊たちの陸軍史』新潮選書

112　陸軍省経理局衣糧課「乾物野菜調理法印刷配賦ノ件」JACAR［アジア歴史資料センター］

113　陸軍省経理局衣糧課「軍隊料理法頒布ノ件」JACAR［アジア歴史資料センター］

114　陸軍省経理局衣糧課「軍隊調理参考書配賦ノ件」JACAR［アジア歴史資料センター］

調理講習は、大正九年から昭和初期にかけて、年間に二個師団を回る形の巡回講習であった。もともとは、当時の陸軍省経理局衣糧課長の発案だったようだ。陸軍糧秣廠から四名程度派遣され、各師団五日間みっちりと講義と実習を行っている。だいたい初日に豚の屠殺実習がカリキュラムに入っており、翌日に豚肉料理の実習があった。各師団から提出された調理方法講習実施の効果と将来に関する意見を見ると、兵食のバリエーションが増え（それまで焼き物は手間がかかるため敬遠され、簡単に作れる汁物や揚物が多かった）、兵の嗜好に合致するようになり好評であることや、材料や燃料の節約効果が出ていること等が述べられており、定期的に実施して欲しい旨が要望されている。

問題は経費だった。大正一三年の朝鮮二個師団の時は、旅費が二九七〇円（約一四八五万円）、庁費（テキスト印刷代等）が六〇〇円（約三〇〇万円）かかっており、各師団一巡で終了したようである。[115]

部隊における調理員の雇用は、大正一二年以降に始まり、当初は委任経理の余剰金から給与を払う形の試行であった。部隊四〇〇名に対して調理員一名の割合であり、主に手間のかかる副食の調理および炊事当番兵の指導をさせていた。

陸軍中央は最初の頃、料理人に対する偏見（酒や博打好きで規律を守らない等）があり、おそるおそるの試行であったが、部隊側は海軍の主計兵曹除隊者を積極的に採用する等の工夫を施し、懸念を見事に払拭している。調理員を雇用した部隊では、調理講習と同様の効果があり（従来は週一～二回はあった著しい失敗が皆無となった等）、次第に全国の部隊で正規採用するように至ったようである。[116]

調理員は「厨夫」と呼ばれる傭人（肉体労働を行う非正規公務員）であり、日給一円五〇銭（約七五〇〇円）であった。ただし、一五年以上務め、品行方正かつ勤務態度良好な者は、四五円（約二二万五〇〇〇円）以内で月給とすることができた。これは、腕の良い厨夫を逃さないための特別な措置だった。[117]

昭和一二年二月には、中国駐屯軍から陸軍省経理局衣糧課に炊事技術指導員派遣の要請があった。その後、日中戦争がはじまると、各軍から個別に同様の要請が来るようになる。当初は、陸軍糧秣本廠の職員を派遣していたが、要請数が多くなってくると手が回らなくなり、陸軍糧秣本廠で調理指導者と調理員をそれぞれ三カ月、四〇日間教育したうえで軍属（雇員および傭人）として採用し、中国駐屯の各軍（関東軍、支那派遣軍、北支那方面軍、第一一軍、

115　陸軍省経理局衣糧課「炊爨調理方法講習ニ関スル件」ＪＡＣＡＲ［アジア歴史資料センター］
116　陸軍省経理局衣糧課「軍隊炊事ヲ試験的ニ委任経理積立金ヲ以テ厨夫傭役ニ関スル件」ＪＡＣＡＲ［アジア歴史資料センター］
117　陸軍省経理局監査課「雇員傭人給料支給規則中改正ノ件」ＪＡＣＡＲ［アジア歴史資料センター］

第一三軍、第二一軍）に派遣している。[118] 以上のような施策で、陸軍は兵に対する給養の向上を図っていたのである。

最後に、現在でも万人に愛されているカレーのレシピ（「軍隊調理参考書」）をあげておきたい。

カレー汁

［熱量］三二八カロリー

［材料］（一人あたり）

豚肉一〇匁《もんめ》（一匁＝三・七五グラム）　ジャガイモ二〇匁　人参一〇匁　玉ネギ一〇匁

小麦粉三匁

カレー粉　一分（一分＝〇・三七五グラム）　食塩二匁　ラード三匁

［準備］

イ　豚肉は細切りにする。

ロ　ジャガイモは八分角位に、人参は乱切り、玉ネギは四つ割り切りとする。

ハ　ラードを煮立てカレー粉、小麦粉を入れて混ぜ、カレールーを作る。

〔調理〕
鍋に豚肉と少量の玉ネギを入れて炒め、約一合五勺の水を加えて煮立て、ジャガイモ、人参を入れてさらに煮立て玉ネギを入れ、塩で味付けし、カレールーを煮汁で溶き延ばしつつ流し込み混ぜる。

ちなみに「鱈シチュー」のルーは、ラードに小麦粉だけであり、味付けは塩と胡椒であった。一体どのようなシチューになったのであろうか？　現代のわれわれがイメージするクリームシチューとはかなり異なるようなので、非常に興味のあるところである。

118　陸軍省経理局衣糧課「炊事技術指導員派遣方ノ件」ＪＡＣＡＲ〔アジア歴史資料センター〕、陸軍省経理局衣糧課「調理技術者ノ養成ニ関スル件」ＪＡＣＡＲ〔アジア歴史資料センター〕、陸軍省経理局衣糧課「調理技術者派遣ニ関スル件」ＪＡＣＡＲ〔アジア歴史資料センター〕

第三章　補給品を確保せよ!!

缶詰狂騒曲

鳳梨缶をめぐる九カ月の攻防

「鳳梨」という字を見て、何を意味しているかすぐにピンときた読者はかなりの博識である。この字のイメージからすると、和梨に対する中国産の梨をなんとなく指しているようにも思えるが、そうではない。実はこれ、パイナップルの中国語表記であり、台湾では「オンライ」、中国では「フォンリー」と発音する……らしい。

　この鳳梨を缶詰にしたものが、平時の酒保（軍隊の営内にあった売店）、戦時の野戦酒保で人気定番メニューの一つであり、また兵食の「加給品（通常の食事の他にたばこや酒、饅頭等が週に二回程度支給された）」として用いられていた。[119] 酒保の効用については、「酒保の楽しみは一週間の苦しみを流し去り、次週のやる気を養う場であり、これがあるので兵隊は喜んでその日の勤務を努力する」と述べられている。[120] 酒保は兵士の士気の維持・向上に必要不可欠であり、その中でも酒・たばこ・甘味品（鳳梨缶を含む）の嗜好品のラインナップが必需品だった。

さて、ここで述べるのは、軍需動員整備のために割り当てられた鳳梨缶詰の調弁価格を巡り、赤字を回避したい台湾合同鳳梨株式会社と、前年度の調弁価格をなるべく維持し、値上げを回避したい台湾陸軍倉庫側との、約九ヵ月にわたる攻防の記録をまとめたものである。

昭和一五年三月八日に、会社側が翌年度向けの見積予定価格を、一箱（二斤〔一斤＝六〇〇グラム〕缶三ダース入り）あたり酒保用一四円二〇銭、糧秣用一〇円六五銭として台湾陸軍倉庫に提出した。ちなみに、昭和一四年度の調弁価格は、糧秣用で七円七五銭九厘だったので、約三七・三％の上昇であり、何があったのか相当な値上げである。台湾陸軍倉庫では、三月中に会社から見積予定価格の説明を受け、そのほかに昭和一四年度の生産原価調書の提出を受けている。そして、四月二八日に会社の重役を呼んで交渉を行うも、会社側は今まで軍に対する納入品は赤字だったため、値上げを認めて最小限の利益を得られるようにして欲しい、と最初の見積予定価格を強硬に主張して譲らなかったという。[121] 結

119　上海派遣軍参謀長「軍需品追送請求ニ関スル件」ＪＡＣＡＲ［アジア歴史資料センター］
120　郡司敦「史料紹介　六週間現役兵の日誌」『北海学園大学人文論集』第30号
121　台湾陸軍倉庫「基準価格超過契約ニ関スル件」ＪＡＣＡＲ［アジア歴史資料センター］

果として、契約締結に至らず、台湾陸軍倉庫側が見事に撃沈されている。

読者の方は意外かもしれないが、軍部の横暴に耐え忍ぶ戦時中の企業というイメージからは想像もつかない見事な強気ぶりである。当時の株式会社の多くは、ほとんどが個人株主から出資を受けており、銀行から借金をして株を購入していた株主へ、借入金利よりも多く配当を支払う必要があった。そうしないと、企業経営者は株主総会時に経営権を取りあげられる可能性があったのだ。当時は現在と大きく異なり、個人株主の力が強く、株主総会を通じて経営に大きく関与することができた時代でもあった。そのため、利益が出ていないにもかかわらず配当を行う「蛸配当（蛸が自らの足を食う）」が横行するなど、社会問題にもなったようである。経済学者の高橋亀吉などはこの状況を憂い、『株式会社亡国論』なる本を書いたほどだ。昭和一三年に国家総動員法が成立し、各種の統制令が出されたことで統制経済となっていくが、しばらくは自由経済的な面も残っていたということでもある。軍が企業（管理工場等）に対して法令に基づく各種の圧力をかけ出すのは、軍需品工場事業場検査令が出て、「軍需品工場事業場原価計算要綱」に基づく原価計算の強制が始まってからだ。

話を元に戻し、なぜ台湾合同鳳梨株式会社が値上げを強硬に主張するようになったのか。

これには、昭和一四年度からの情勢の変化が大きく関与している。それまでは自由輸出ができたので利益が大きい民需や満支方面へ任意に売却し、その利潤は軍に対する納入品の損失を補塡していてなお余裕があった。軍需から利益を得ずとも全く問題なくやっていけたのである。陸軍には、なんと原価を著しく割る一箱あたりおよそマイナス一円、一二％引き（実際の総原価八円八〇銭一厘に対して七円七五銭九厘）で納入していたという。[122] 財務諸表（決算書）がないので自由輸出でどれほどの利益を上げていたかは不明だが、相当な金額を得ていたのではないか。昭和一四年度の陸軍納入数は三〇万箱だから、現在価値でなんと約一五億円の損失だ。それがあっても、かなりの余裕があったというのだから、台湾合同鳳梨株式会社恐るべしである。

ところが、昭和一五年度になると、ブリキ割り当て（缶詰の本体用）の条件に政府から第三国輸出が強制され、ドル箱であった民需の禁止と満支への輸出が制限されたことから、会社側としては、赤字転落の防止のためにどうしても軍納品の値上げをする必要が生じている。これが強硬主張の原因だった。

そして、五月から六月にわたり数回協議するものの、会社は以前からの主張を何度も繰

122　台湾陸軍倉庫「基準価格超過契約ニ関スル件」ＪＡＣＡＲ［アジア歴史資料センター］

り返すだけで協定に応じないため、早期解決が困難であると予想するに至ったという。[123] 意気軒昂な会社側に対し台湾陸軍倉庫側は弱気になっていた。六月二一日には、陸軍省経理局衣糧課長宛てに未だ契約に至っていないことを報告している。この鳳梨缶詰の調弁は、軍需動員に伴う強制ノルマであり、「できませんでした。ごめんなさい」では済まない問題だった。現に、台湾軍に割り当てられた糧秣整備区分表上、第一期（四月〜六月）には、果実缶詰を四〇〇万個調弁している必要があったにもかかわらず、[124] 鳳梨缶は未調達である。戦争の真っ最中であり、事と次第によっては、関係者の処分や左遷が待っていたのではなかろうか。おそらく、台湾陸軍倉庫では進退窮まり、頭を抱えていたのではないかと思う。かなり気の毒な話ではある。

「昭和十五年度軍需品調弁要領」では、基準を超える価格で一品目あたり一万円以上調弁する場合、陸軍大臣の許可を得る必要があった。今回のケースでは、陸軍大臣の許可を得ようにも、会社側の主張する約三七・三％の大幅アップをそのまま容認するのは、そもそもムリがある。もっとも、供給量がそれほど変わらないのに需要が大幅に増えれば、商売人は誰でも儲けるために値を吊り上げるのは、まさに世の常。アダム・スミスが唱える、神の見えざる手の炸裂だ。

そして六月二五日には、台湾軍経理部経由で台湾総督府殖産局に問題解決の斡旋を依頼している。これは、許認可の権限をもっている台湾総督府殖産局の威光に頼るもので、背に腹はかえられない台湾陸軍倉庫のなりふり構わぬ姿勢が如実に表れているといえるのではないか。台湾総督府殖産局からすれば全く迷惑な話である。

二日後の六月二七日、台湾陸軍倉庫、台湾総督府、台湾合同鳳梨株式会社の関係者が一堂に会し、価格について協議している。最終的に、昭和一五年上期の決算書を精査のうえ結論を出すこととし、会社側は二回目の見積書をその場で提出している。そして、七月一日には缶詰製造に必要なリードタイムと価格決定までにかなりの時間を要する見込みから、とりあえず昨年の生産原価を勘案し、一箱八円六〇銭で概算契約を締結した。概算契約とは、仮の金額で契約しておき、途中あるいは納入までに契約金額を確定する契約方式である。

台湾陸軍倉庫側は、八月から一一月にわたって昭和一四年度の生産原価や昭和一五年度

123　台湾陸軍倉庫「基準価格超過契約ニ関スル件」JACAR［アジア歴史資料センター］
124　陸軍省経理局衣糧課「昭和十五年度軍需動員糧秣調達ニ関スル件」JACAR［アジア歴史資料センター］

の決算書や帳簿を調査し、不明点をやり取りした結果、最終的に協定予定契約価格を一箱あたり八円九二銭と計算した。そして、一二月九日の協議でやっと会社側が折れ、この額で契約を締結している。台湾陸軍倉庫、まさに執念の粘り勝ちである。

　図表23から、この八円九二銭の内訳をみると、会社側の第二回見積価格から軍納品に関係ない費用を控除するだけの方法ではなく、一五年度上期の実績生産原価を確認したうえで、上げるべきところは上げて計算する方法を取っていたようである。現代の予定価格算定をしていた筆者の目から見ると、単純に軍にとって不要な費用を控除するだけでなく、かなり手間暇かけて一から積み上げていることが読み取れる。また、基準価格超過に対する申請は、通常の場合、定型フォーマット部分だけの申請で大体四〜五枚で済むところを、台湾陸軍倉庫の場合だと、定型フォーマットのほかに別紙第一から別紙第七まで添付している関係で、二七枚ほどに膨れている。[125] それだけ事が大きかった一端を示しているといえるだろう。

　ちなみに、価格等統制令による内地（日本国内）の指定価格は、一四円二〇銭である。そして、台湾合同鳳梨株式会社の内地各港沖渡の価格が、一二円二〇銭であるのに対して、

125　台湾陸軍倉庫「基準価格超過契約ニ関スル件」JACAR［アジア歴史資料センター］

図表23　一箱あたり原価比較表

単位：円

<table>
<tr><th>区　　分</th><th>昭和14年
実績生産原価</th><th>基準価格
前回購入価格</th><th>本年度第1回
見積価格</th><th>本年度第2回
見積価格</th><th>精算予定価格</th></tr>
<tr><td>原料代</td><td>2.091</td><td>1.946</td><td>2.349</td><td>2.349</td><td>2.165</td></tr>
<tr><td>空缶代</td><td>2.570</td><td>2.570</td><td>2.570</td><td>2.570</td><td>2.570</td></tr>
<tr><td>木箱代</td><td>0.578</td><td>0.578</td><td>0.678</td><td>0.678</td><td>0.678</td></tr>
<tr><td>レーベル代</td><td>0.120</td><td>0.120</td><td>0.150</td><td>0.150</td><td>0.150</td></tr>
<tr><td>荷造費及材料代</td><td>0.073</td><td>0.100</td><td>0.100</td><td>0.079</td><td>0.170</td></tr>
<tr><td>砂糖代</td><td>0.426</td><td>0.426</td><td>0.426</td><td>0.426</td><td>0.520</td></tr>
<tr><td>工賃</td><td>0.420</td><td rowspan="2">0.459</td><td rowspan="2">0.646</td><td>0.483</td><td>0.592</td></tr>
<tr><td>常傭工賃</td><td>0.060</td><td rowspan="2">0.160</td><td>0.056</td></tr>
<tr><td>給料</td><td>0.126</td><td rowspan="9">0.210</td><td rowspan="9">0.388</td><td>0.089</td></tr>
<tr><td>燃料費</td><td>0.061</td><td rowspan="2">0.081</td><td>0.061</td></tr>
<tr><td>電力料</td><td>0.009</td><td>0.009</td></tr>
<tr><td>消耗品費</td><td>0.044</td><td>0.051</td><td>0.064</td></tr>
<tr><td>電灯、水道費</td><td>0.018</td><td>0.020</td><td>0.014</td></tr>
<tr><td>修繕費</td><td>0.131</td><td>0.149</td><td>0.167</td></tr>
<tr><td>賄費</td><td>0.017</td><td rowspan="2">0.025</td><td>0.035</td></tr>
<tr><td>雑費</td><td>0.005</td><td>0.008</td></tr>
<tr><td>不良缶代</td><td>0.045</td><td rowspan="2">0.025</td><td rowspan="2">0.343</td><td>0.352</td><td>0.020</td></tr>
<tr><td>改装費</td><td>0.022</td><td>0.025</td><td>0.032</td></tr>
<tr><td>運賃諸掛</td><td>0.066</td><td>0.066</td><td>0.066</td><td>0.071</td><td>0.071</td></tr>
<tr><td>保管料</td><td>0.012</td><td>0.012</td><td>0.012</td><td>0.012</td><td>0.012</td></tr>
<tr><td>営業費</td><td>0.928</td><td rowspan="2">0.820</td><td rowspan="2">1.681</td><td>0.768</td><td>0.689</td></tr>
<tr><td>販売費</td><td>0.506</td><td>0.711</td><td>——</td></tr>
<tr><td>償却費</td><td>0.355</td><td>0.243</td><td>0.271</td><td>0.269</td><td>0.204</td></tr>
<tr><td>利子</td><td>0.118</td><td>——</td><td>——</td><td>0.151</td><td>——</td></tr>
<tr><td>利益</td><td></td><td>0.184</td><td>0.968</td><td>——</td><td>0.544</td></tr>
<tr><td>計</td><td>8.801</td><td>7.759</td><td>10.648</td><td>9.580</td><td>8.920</td></tr>
</table>

出所）台湾陸軍倉庫「基準価格超過契約ニ関スル件」JACAR［アジア歴史資料センター］。なお、別紙第二及び別紙第三を一表にまとめている。

台湾陸軍倉庫への納入価格は八円九二銭であった。前年の契約価格（基準価格）との差額は四二万箱×（八・九二－七・七五九）＝四八万七六二〇円、現在価値に換算して約二四億三八一〇万円のアップであった。いくら実際原価に適正な利益が加算されているとはいえ、台湾合同鳳梨株式会社から見ればかなりの薄利、出血大サービスであり、一五年度下期の損益状況はどうなったのか、非常に気になるところである。

おせちのジンクス

お正月とくれば、まず思い浮かぶのが「おせち料理」と「餅」に「酒」である。もちろん、兵営の食事にも正月料理が提供された。昭和一五年の陸軍糧秣本廠の献立例はこんな具合である。

朝食＝雑煮と白菜漬

昼食＝皿盛（菜皿に盛り合わせる）、数の子、勝栗きんとん、田作照煮、昆布巻、矢蓮根、鯛姿焼（尾頭付）、菊花蜜柑（蜜柑を横二つ切りにしたもの）、香の物[126]

なお、平時であれば、元日の式典終了後に三日間の年始休暇になったようである。[127]

昭和一二年七月七日に勃発した日中戦争では、当初投入された北支那方面軍、上海派遣軍、第一〇軍（丁集団）のうち、上海派遣軍と第一〇軍の前線ではその年の一一月まで糧秣が不足していた。[128] 糧秣不足は、特に末端の兵士に対して深刻な士気低下をもたらす。まして、中国大陸に派遣、あるいは出動がなければ、元日には正月料理が提供された後、年始休暇であった。だから、戦地の将兵に対しては、士気の維持・高揚のため正月料理を何としても提供する必要があった。

まず、一一月一五日に台湾軍に対し、上海派遣軍に餅を糯《もち》米換算で約二〇万キロ分、第一〇軍に対して約一二万キロ、そして糯米を約五万キロと約三万キロずつ追送する命令が下った。さらに台湾軍には、製造する餅の発黴防止に対する技術指導のため、陸軍糧秣本廠より技術者一名が派遣されている。[129] 当時は真空パックがないので、アルコール度数の高

126　藤田昌雄『写真で見る　日本陸軍　兵営の食事』光人社

127　一ノ瀬俊也「佐倉連隊の日常生活」『国立歴史民俗博物館研究報告』第１３１集

128　飛田紗綾香「日中戦争初期の兵站の実態――上海派遣軍と第一〇軍の糧秣追送を中心に」『日本女子大学大学院文学研究科紀要』第14号

129　陸軍省経理局衣糧課「新年用餅追送ニ関スル件」ＪＡＣＡＲ［アジア歴史資料センター］

い焼酎等を布に染みこませ、餅の表面を拭いたのではないかと思われる。

昭和一三年一〇月には、陸軍糧秣本廠が「餅の防カビに対する『アルコール』の効果について」の研究結果を報告している。

試験は、①アルコール度数が五〇％、七〇％、九〇％の三種類を使用し、アルコールに浸した脱脂綿を密封容器に入れ三〇℃の恒温にした場合、②脱脂綿を度数九〇％のアルコールそれぞれ六・八・一〇ccに浸して密封容器に入れ三〇℃の恒温にした場合、③度数が五〇％、七〇％、九〇％のアルコールを噴霧器により餅表面に散布した場合、④度数が五〇％、七〇％、九〇％のアルコールの中に餅を浸した場合等について行っている。そして、五日後まで経過観察し、実際にカビが生えた餅を試食する人体実験までおこない、食味を報告している。

何もそこまでしなくてもと思わずにはいられないが、当時はカビが生えた餅のカビの部分を削って食べるのは当たり前だったので、食味をみるのも当然のことだったのだろう。厳正な試験の結果、餅の防カビ要領として、適度に乾燥させた餅を九〇％から九五％のアルコールに一分ほど漬けたあと、密封容器に入れ、その際、容器内側と餅を重ねる面に同様のアルコールに浸したパーチメントペーパーを敷くことを推奨している。この処理を行うと、だいたい二週間はカビが発生しなかったようだ。[130] 日本から二週間程度で中国の戦地まで届いたと思われるので、ちょうどきれいな餅が食べられたのではないか。正月はさぞ重宝されただろう。

話を元に戻し、さらに、一一月一八日には陸軍糧秣本廠に対し、製餅兼製粉機を北支那方面軍野戦本倉庫に二〇台、台湾軍経理部に一〇台、上海派遣軍野戦衣糧廠に五台、丁集団野戦衣糧廠に五台ずつ追送する命令が出た。このうち、上海派遣軍と丁集団に対する各五台は、台湾軍で餅を製造した後に、糯米と同時に追送するもので、追送される製餅兼製粉機は実質三〇台である。[131]

また、一一月一六日には、新年用糧食品として北支那方面軍野戦本倉庫に対し、次の糧食を追送することを連絡した。

黒豆三〇〇キログラム、数ノ子一〇〇キログラム、田作一〇〇キログラム、塩鮭二〇〇キログラム、昆布巻二〇〇キログラム、スルメ二〇〇キログラム、小豆三〇〇キログラム、

130　陸軍糧秣本廠「餅ノ防黴研究『餅ノ防黴ニ対スル「アルコール」ノ効果ニ就テ』」JACAR［アジア歴史資料センター］

131　陸軍省経理局衣糧課「給養器具追送ニ関スル件」JACAR［アジア歴史資料センター］

口取缶詰一五〇〇キログラム、きんとん缶詰一五〇〇キログラム、蜜柑二万五〇〇〇個、羊羹一二〇〇キログラム、酒二〇〇〇リットル、折畳式分配箱三万二〇〇〇個である。[132]

そして、新年用糧食品が、北支那方面軍野戦本倉庫、丁集団野戦衣糧廠、上海派遣軍野戦衣糧廠向けに、それぞれ一一月下旬から一二月上旬までに内地から発送され、一二月三日から九日にかけて揚陸予定との文書があるから、第一〇軍と上海派遣軍にも同様の品目が追送されたと考えられる。[133]

実際のところ一人頭どれくらいの分量になるかというと、昭和一三年一一月の第二軍経理部（北支那方面軍隷下）「新年用品補給基準表」によれば、口取缶詰一個、詰合祝賀品（勝栗、田作、鯣《するめ》、羊羹、昆布の詰め合わせ）一個、糯米一キログラム、酒四〇〇ミリリットル、小豆三〇グラム、塩鮭三〇グラム、田作一〇グラム、数の子二〇グラム、みかん二個又はりんご一個となっている。[134]

なお、餅については、追送された糯米で部隊ごとに、現地器材を利用して作るように指示が出ていた。要するに、各部隊で臼と杵を自製するか調弁し、自分たちで餅つきをしろとの指示である。

ところで、追送品の中にある見慣れぬ「口取缶詰」とは、いったい何であろうか。これは、「おもちゃの缶詰」ならぬ、「おせちの缶詰」で、もとは昭和八年の満州事変参加将兵用に作られたのが最初のようだ。[135] 中身は、タイ、かまぼこ、エビ、クワイ、魚の切り身など七種類を色の配合よく詰めた大型の缶詰であり、軍用の特別品であることから製造は何かと大変だったようである。[136]

まず、頭がちぎれていると「首が飛ぶ」、尾がないと「足を負傷する」にはじまり、切り身の三切れは「身を切る」に通じるから「死」を意味する、といったジンクスを信じる兵士が多かったことから、かなり丁寧に作る必要があり、歩留りが良くなかったようだ(時間がかかればそれだけ原価が上昇する)[137]。

また、陸軍の監督官が仕様書に記載されている生エビを生きているエビと解釈し、一度使用禁止になっている(軍人の没常識をよく表しているエピソードだと思う)。さらに、分

132　陸軍省経理局衣糧課「糧秣追送ニ関スル件」ＪＡＣＡＲ［アジア歴史資料センター］
133　運輸通信長官渡邊右文「補給軍需品船舶輸送ニ関スル件」ＪＡＣＡＲ［アジア歴史資料センター］
134　第二軍経理部「別紙　新年用品補給基準表」ＪＡＣＡＲ［アジア歴史資料センター］
135　真杉高之「軍需缶詰の昭和史―1おせち料理と故郷の味」『缶詰時報』第71巻第3号
136　静岡日報昭和8年11月14日付
137　静岡県缶詰史編集委員会編『静岡県缶詰史』静岡缶詰協会

配の公平性を保ち、喧嘩にならないようにとの配慮から、ブリの切り身の大きさを一定にするようにとの面倒な注文もあった。[138] 製造にあたって別の意味での苦労が絶えなかったといえるだろう。

　昭和一二～一三年の口取缶詰は大量注文だったようで、受注した複数社のうち、一社は契約金額が五万円（約二億五〇〇〇万円）であった。しかし、既述の苦労話からも予測できるように、実際の原価は倍の一〇万円にまで嵩んだという。このため、陸軍糧秣廠の調達課長に陳情したところ、好感触を得たが、実際の値上げは全くなく、逆に値上げ検討のため支払が遅れるという、ありがたくないおまけまでついたという。[139] おそらく、乖離が倍になったため、糧秣廠の責任問題に発展する可能性があったことから、値上げが容認されなかったのだろう。陸軍側の指示に素直に従った会社としては、泣くに泣けない話である。

　ちょっと脇にそれるが、缶詰で面白い話があるので紹介したい。現エム・シーシー食品が戦時中、軍に納入していた茶碗蒸しの缶詰は、なんと「爆弾缶詰」と呼ばれていたという。これは、沸騰したお湯に三〇分入れておくと、できたての茶碗蒸しができるという優れものであったが、軍人がせっかちなのか、暖を取っていた「たき火」に投じた結果、缶が爆発したことがきっかけだった。それから「爆弾缶詰」と呼ばれ、面白がられて人気があったそうである。この缶詰には銀杏と百合根もしっかり入っており、茶碗蒸し好きの筆者としては、ぜひとも非常食として復刻して欲しい一品である。

また、この会社は初代社長がなかなかのアイデアマンで、前線向けの缶詰には、一箱あたり五枚ずつ芸者のブロマイドを入れた。これが好評で奪い合いまで生じたことから（一缶一枚ならいざ知らず、一箱に五枚しか入っていないのでは当然の如く喧嘩になる）、「1缶ごとに、名妓の名前と粋な姿を印刷したステッカーを缶蓋に貼」ったという。[140]

似たような話は、自衛隊の小形乾パンに入っている金平糖の色でもあった。当初の仕様書は金平糖の数量のみで色まで規定されていなかったが、色付き金平糖の個数を巡って喧嘩が頻発したことから、仕様書が改正となり、各色の個数も規定されたと筆者は過去に聞いたことがある。ちなみに現在の仕様書を見ると、金平糖は白八個、赤三個、黄二個、緑二個の合計一五個が標準となっている。なお、この仕様書（ＤＳＰ　Ｎ　５００２Ｇ〔４〕）は、防衛装備庁ＨＰから閲覧可能である。

138　はごろも缶詰株式会社五十年史編集委員会編『はごろも缶詰の五十年』
139　静岡県缶詰史編集委員会編『静岡県缶詰史』静岡缶詰協会
140　真杉高之「軍需缶詰の昭和史―1おせち料理と故郷の味」『缶詰時報』第71巻第3号

牛缶は最終手段食？

大正三年に民間の缶詰販売および缶詰製造業者から、「陸軍の糧秣にぜひとも魚肉缶詰を採用して欲しい」という陳情が、農商務省経由で陸軍省に提出されている。その陳情に関する陸軍省の回答を現代語訳したものが次である。

> 魚肉缶詰採用に関する陳情の件ですが、まず、平時における陸軍の食事は、わずかな賄料定額（一日あたり一人二〇銭前後〔二〇〇〇円程度〕—引用者）の範囲内でやりくりしている現状です。主に駐屯している地域で採れる生魚あるいは塩魚、干物等のうち、なるべく安い物を選んで使用しています。従いまして、缶詰となりますと味や歯ごたえが若干落ちますし、価格も高くなることから、陸軍では現在まで魚肉缶詰を使用しておりません。
>
> 陸軍糧秣廠で製造している缶詰肉（牛缶—引用者）は、各部隊において戦時用として永年保管しておき、出征の際に携行するものです。これは、敵前等において食事の支給がなく、他に食べるものがない場合に、飢えをしのぐために食べる、最終的な予備の糧

食であり、戦地で普通に支給される食事とは目的が異なります。

なお、魚肉缶詰は、戦時備蓄としてその要求水準に合致しない点が多いため、採用することはできません。そして、先ほども申しましたように、平時において魚肉缶詰の需要はありませんので、ご了承ください。

ただし、戦時の場合、出征部隊の日常糧食として魚肉缶詰を使用することにつきましては、やぶさかではありません。現に、日清・日露戦争において牛缶の二倍強が調達されております。その際は、民間からの供給が必要となることを申し添えておきます。[141]

（傍点—引用者）

この回答で面白いのが、牛缶の目的が飢えをしのぐために食べる、最終的な予備の糧食、いわゆる「最終手段食」であると強調している点である。別に飢えを満たすという目的であれば、牛缶にこだわらず、個人が携行可能で、かつ腹に入るものであれば何でも良いと思えるのだが、いかがだろうか。陸軍が頑なに牛缶にこだわっている所が、非常に興味深

141　農商務省「魚肉缶詰採用方ニ関スル件」JACAR［アジア歴史資料センター］

い点である。

しかも、陳情内容を見ると、陸軍にもかなり利益のある内容であった。

> 陸軍糧秣廠の設置以来、製造している肉類缶詰は牛肉缶詰のみであり、資源が豊富で廉価な魚類の缶詰は全く製造されておりません。この牛肉缶詰の製造量は年間約四〇万貫であり、費用は約一〇〇万円となっております。もし、年間製造量の半分を魚肉缶詰にすれば、約七七万円となり、二三万円の節約となります。そして、陸軍糧秣廠で製造するのではなく、民間業者から魚肉缶詰を購入して頂くよう要望します。その際、軍用として規格に合致しないのではないかとの懸念があるようですが、現に海軍ではご購入いただいております。また、海軍では年間所要額の半分は魚肉缶詰になっているにもかかわらず、陸軍だけは高価な牛肉缶詰にこだわり、なぜ魚肉缶詰を採用しないのか理解に苦しむところであります。
>
> 日清・日露戦争後、わが国の武勇なる国民性と魚類を常食としていることに関し、各国が調査している所であります。陸軍省の経費節約と我ら民間事業の発展のため、半数は必ず魚肉缶詰を採用して頂きたくお願い申し上げます。[142]（傍点—引用者）

また、缶詰販売および缶詰製造業者は、この陳情の理由として、次の六点を挙げている。

①仮に四〇万貫を全て魚肉缶詰にした場合、価格は約五四万円となる。牛肉缶詰と魚肉缶詰それぞれ半々にした場合、五〇万＋二七万＝七七万円である。よって、一〇〇万円－七七万円＝二三万円の節約となる。

②日本人は肉食より魚類を嗜好する者が多く、牛缶は味が単一であり変化がない。それに対し、魚肉缶詰は種類が多く、兵隊の嗜好に合致する。

③日露戦争時は、牛肉価格が二倍以上になり、供給不足となった。そして、戦後もしばらく価格高騰が続いていた。これに対し、魚肉の場合、原料価格の上昇はなく、逆に逓減しているので供給不足になることはない。

④陸軍糧秣廠の規模をいくら拡大したとしても、一朝有事の際、単独供給が無理であることは日露戦争が証明している。平時に民間の供給能力を培養しておくことも必

142　農商務省「魚肉缶詰採用方ニ関スル件」JACAR［アジア歴史資料センター］

要である。

⑤ 魚肉缶詰の採用は、缶詰業者だけではなく漁業の発達も促進する。北海道、樺太方面で水揚げのある鮭鱒の場合、一〇〇万貫でもまだ供給余力がある。また、現在は価格の低落に苦しんでいる所であり、魚肉缶詰として採用されれば価格の維持に役立つことが期待される。

⑥ 日露戦争中、陸軍が牛缶製造のため成牛を大量に購入したことで、価格の暴騰を招き、牛缶の主産地であった広島県の缶詰製造業者は大打撃を蒙っている[143]。

このように、陸軍と缶詰販売および缶詰製造業者にとって一挙両得な提案にもかかわらず、最初に見たとおり、陸軍の回答はにべもないものである。これはおそらく、陳情書の記述で、海軍を引合いに出し、なぜ陸軍が採用しないのか理解に苦しむとしている部分が仇となったのではないかと思われる。海軍を褒め、陸軍をけなしている訳だから、陸軍側が反発するのは至極当然であろう。

また、当時の肉食信仰（特に牛肉）も見逃せないだろう。真嶋亜有の研究によれば、富国強兵政策の一環として、兵士の体格の向上を図るため、特に軍隊における肉食奨励論が軍医等の間で交わされるほどであったという。日本人の体格が西洋人と比較し劣っているのは、肉を食べていないからであるというのが明治期におけるもっぱらの議論であった。そのため、国民に肉を食べて体格を向上させる必要性が強調されていたのである。[144]

そして、陸軍では日清戦争を機に牛肉需要が高まりをみせ、そのほとんどを牛缶として購入している。しかし、日露戦争では、工業化し始めたばかりの国産缶詰は質が悪く、ヨーロッパ諸国の軍隊食で見られるような野菜入りの嗜好性のある缶詰と異なり、「牛肉大和煮缶詰」という粗末な味付けのものしかなかった。しかも、連日同じ缶詰が出されたため、道端に捨て去っていく兵隊もいたほどであったという。[145]

この陸軍の牛肉信仰を打破したのが、陸軍糧秣本廠の牛・魚肉缶詰の栄養価値比較研究だった。昭和四年に行われた第一回試験では、まず牛缶と鯖缶の栄養価値を比較している。そして、白鼠八匹を一グループとし、白米粉に等量の缶詰肉を混ぜ、四〇日間にわたって食べさせて発育状況を測定している。意外なことに、鯖缶のほうが牛缶を与えたグループ

143　農商務省「魚肉缶詰採用方ニ関スル件」ＪＡＣＡＲ「アジア歴史資料センター」

144〜145　真嶋亜有「肉食という近代―明治期日本における食肉軍事需要と肉食観の特徴―」『アジア文化研究別冊』第11号

より、体重の増加率および発育程度が良いという結果が出ている。特に、死亡が鯖缶では二匹に対し、牛缶では七匹であった。その後、牛肉と鰹、鮪、鰤、鯖で同様の試験を実施し、魚類はいずれも牛肉より優れていると結論付けているのである。この結果について、報告書の最後に、わが国のように海産物が豊富で、畜産物に恵まれない国では、国民の食糧問題上、相当興味がある事実と信ずると結ばれている。[146]

そして、昭和七年に行った第二回試験では、ヨードの栄養価値に着目し、まず牛肉、鰹、鯖、鰤、鮪のヨード含有量を測定している。分析の結果は、牛肉が最少であり、鰹が最大であることが判明した。そして、第一回試験同様に白鼠に各缶詰を食べさせ、発育の程度が、ヨード含有量の順（鰹＞鰤＞鮪＞鯖＞牛肉）によかったことを確認している。「鰹」、「牛肉＋ヨード」、「牛肉」で比較試験を同様に実施したところ、やはり発育の程度も鰹＞牛肉＋ヨード＞牛肉であり、牛肉＋ヨードが両者のほぼ中間に位置していた。この結果から、ヨードは動物の発育に良好な結果を与えることと、牛肉に海藻を添加するだけで栄養価が大幅に向上することが確認できた。[147]

おそらくこの調査研究結果と資源量の関係からであろう。日中戦争以降、牛缶の代用品である尋常代用缶詰は、魚肉缶詰となっている。昭和一四年の「基準価格超過契約ニ関スル件」では、いわしとぐちを七：三にブレンドした尋常代用缶詰（魚肉缶詰）が調弁されている。なお、基準価格より三・八%値上がりしているが、その理由は、まとまった漁獲高がないこと、電力の供給不足による製氷能力の減少で鮮魚の運搬に支障をきたしていること、冷蔵庫がその機能を失いつつあることが原因であった。[148] そして、昭和一五年三月には、宇品陸軍糧秣支廠がいわし缶詰の改良に関する研究を行っている。産卵後の味が落ち缶詰に不適当な「いわし」を用いても、香りと味が良く肉崩れしない製法を編み出し、兵の嗜好に合致する缶詰を生み出している。[149] どれだけの将兵が、この恩恵を受けたのであろうか。もしかすると、あなたの祖父や曾祖父が、その一人かもしれない。

146　陸軍技師橋本英一「牛、魚肉缶詰ノ栄養価値比較研究ニ就テ　昭和四年四月」ＪＡＣＡＲ［アジア歴史資料センター］
147　陸軍糧秣本廠「食品中ニ含有サルル沃度ノ栄養価値ニ就テ（牛、魚肉缶詰栄養価値比較試験ノ二）昭和七年三月」ＪＡＣＡＲ［アジア歴史資料センター］
148　陸軍糧秣本廠「基準価格超過契約ニ関スル件」ＪＡＣＡＲ［アジア歴史資料センター］
149　宇品陸軍糧秣支廠「鰮缶詰ノ改良ニ関スル研究　昭和十五年三月」ＪＡＣＡＲ［アジア歴史資料センター］

野戦での現地自活は命がけ

経理業務の華

野戦貨物廠は、日中戦争当初に、野戦本倉庫、野戦衣糧廠、衛生材料および獣医資材の補給機関をひとまとめにし、専属の警備部隊を付けた現地特設の補給機関である。経理部の主管する衣食住に関する一切の戦用軍需品、衛生材料、獣医資材、その他の軍需資材等を包括し、管理、補給、調弁、生産製造、修理等を行っていた。

北支那方面軍野戦貨物廠が最初に発足し、本廠は天津に置かれた。また、支廠は五ヵ所、出張所は師団（独立混成団）所在地や港湾地区に設けられた。本廠長は主計少将であり、支廠長は主計中（少）佐が、出張所長は大（中）尉が任ぜられ、北支那方面軍四五万人の補給を担当した。その後、中支・南支、一一軍の各派遣軍（いずれも中国駐留）にも野戦貨物廠が誕生し、戦線が広がるとともに最終的に南方や日本本土にまで野戦貨物廠が設置されている。

野戦倉庫は、作戦要務令第一五九で次のように規定されている。

師団または軍において各々その作戦地域内に主として給養諸品を集積するため、師団または軍経理部長が設置するもので、現地調達もしくは追送により補給品を充実させる。軍隊が駐留するときは、速やかに野戦倉庫を設置し各部隊の給養に支障が生じないようにする。状況により、軍隊行動間において野戦倉庫を設置することが有利な場合もある。

作戦要務令の示すように、師団は、戦場での駐留期間が長くなる場合は野戦倉庫を設置し、給養諸品を集積、隷下部隊に補給するのが業務となる。戦時における補給は経理業務の華といわれており、平時より補給機関は経理部門での主要業務の一つで、主計将校の多くが望んだ勤務先であった。[150] そのため、野戦貨物廠や野戦倉庫も人気の勤務先の一つであり、これから述べる現地自活の中心となって活動している。

もともと軍需諸品は、米軍のように本国から補給するのが本来の姿である。しかしながら、経済的に劣った日本では、内地資源の節約および輸送負担の軽減の観点から、現地自

150　柴田隆一・中村賢治『陸軍経理部』芙蓉書房

図表24　野戦貨物支廠現地自活成果一覧

品　種	石家荘支廠	済南支廠	大同支廠
味　噌	2,000 樽		
醤　油	1,000 樽		
豆　腐	35,383 丁	1,400 kg	2,900 kg
蒟　蒻	45,415 丁	300 kg	設置中
油　揚	90,083 枚	770 kg	
パ　ン	30,000 食	1,500 食	24,000 食
菓　子	167,180 人分	100,000 個	
漬　物	50 樽	60 樽	
酢	4,000 L		
ラード	1,800 缶		
味付乾燥肉		686 kg	
再製酒		7,500 L	
モヤシ		20 kg	
饂　飩			3,600 kg
生　牛	20 頭		
生　豚	700 頭		
鶏	1,000 羽		

注　牛・豚・鶏は飼育数。それ以外は、1カ月あたり製造量。
出所）陸軍省「軍自活主義具現ノ梗要」ＪＡＣＡＲ［アジア歴史資料センター］。なお、引用者が一部変更。

活を積極的に図っていた。[151] 現地自活というと、陸軍における完全な自給自足をイメージすると思うが、実際はそうではない。現地の生産品を調弁したり、製造能力を利用して委託生産を行い、軍需の充足を図るとともに、野戦貨物廠や野戦倉庫に各種の生産・加工設備を設置し、加給品や酒保用に自製していた。

　日中戦争開始当初の昭和一三年から、北支では被服や糧秣等の現地調弁を行っていた。例えば被服では、夏冬下着とズボン下を五二万二〇〇〇個や毛布敷布類を五七万七〇〇〇個、手袋や靴下を八六六万三〇〇〇組、洗濯石鹸を二三二七トン等、現地調弁していた。糧秣では、調味品（砂糖、食塩、漬物類）を三〇八〇トン、甘味品を一六五〇トン、たばこを四億二〇〇〇万本等について、天津付近で調弁していた。物品では、机類を約一万九〇〇〇個、椅子類を約二万七〇〇〇個、石炭を八万二〇〇〇トン、レンガを五六〇〇万個調弁していた。野戦貨物廠の各支廠における製造、加工品は、図表24のとおりである。これらにより、内地物資の節約および輸送能力の節減を図っていたのだ。[152]

　同様に、中支の某師団野戦倉庫でも、豆腐、製菓、飴（麦から水飴を製造し砂糖の代用品とした）、甘酒・麹、天麩羅（これは、さつま揚げのことと思われる）、淡水魚加工、製氷、漬物の各工場を併設し、これらを製造し部隊に補給することにより、給養の向上を図っている。[153]

　また、南支の某部隊では、製パン製菓工場で、餡パン、ジャムパン、餡ピース、乾パン、

151〜152　陸軍省「軍自活主義具現ノ梗要」ＪＡＣＡＲ［アジア歴史資料センター］
153　第六二一七部隊「甲、駐留地に於ける現地自活」『現地自活集録』陸軍主計団記事発行部、ＪＡＣＡＲ［アジア歴史資料センター］

最中、羊羹、饅頭、ドーナツ、フライ饅頭等を製造していた。他にも、野戦病院患者食および希望部隊用に食パンを製造していたし、サイダー、レモン水、製氷、饂飩、漬物、豆腐、蒟蒻《こんにゃく》も製造していた。ただし、サイダーは炭酸ガスの補給が途絶したため、レモン水に移行した他、アンモニアの追送が困難なため、製氷能率が低下し、製氷の一時休止に至ったことが記述されている[154]。ここに現地自活の困難さが表れているといえよう。とはいえ現地自活の徹底により、かなりの量の補給物資や輸送費が節約できたはずである。

　昭和一九年の河南作戦（大陸縦貫鉄道打通作戦）の場合、四個師団、戦車一個師団、七個旅団、騎兵旅団合計一四万名、馬三万頭に対する事前集積は、約七〇〇〇〇トンであった。このほか、主集積地には、三〇両ある三〇トン貨車が、一日五列車到着し、それが一週間続いたという[155]。これでたったの一会戦分（九〇日分）であるので、在中国駐留軍や南方に派遣した軍すべてに対して、日本から補給物資を全て追送するとなると、天文学的な量になるのが理解できるだろう。

　昭和一六年三月には、北支那方面軍司令部が「昭和十六年度兵站運営要綱に基く資源の開発取得並に現地自活要領」により、現地自活の拡充等に関する細部の要領を定めている[156]。これに基づき現地自活に励んだ結果、昭和一八年度には、米、塩干魚、茶、果実類を除き、糧秣の自活率はほぼ一〇〇%を達成している。被服類は、規格の低下、代用品利用に努め、軍服のような特殊品を除いて自活率一〇〇%を達成している。物品に関しては、原料となる木材および金属類が不足しているため、自活率は平均して七〇%程度だったが、このように、相当な成果が挙がっている。

また、昭和一六年六月には、大本営野戦経理長官部（長官は陸軍省経理局長）が「現地視察に伴う対策事項」で、長期戦に即応し画期的に現地自活、経済的調弁を実施するため、各貨物廠に新たに要員を増加し予算約六〇〇〇万円（約三〇〇〇億円）の節減効果を挙げるよう検討を図っていた。まず、南支、中支、第一一軍、北支の各野戦貨物廠に、主計佐官を一八名、主計尉官を四三名、主計下士官を一三五名の合計一九六名増員し、それによ

154　鳳第〇〇部隊「南支某兵団に於ける現地自活の現況」『現地自活集録』陸軍主計団記事発行部、JACAR［アジア歴史資料センター］
155　守屋高徳「我が主計戦記」『軍人軍属短期在職者が語り継ぐ労苦（兵士編）第12巻』平和記念展示資料館
156　北支那方面軍司令部「昭和十六年度兵站運営要綱ニ基ク資源ノ開発取得並ニ現地自活要領」JACAR［アジア歴史資料センター］

り約六〇〇〇万円の予算節減を目論んでいたという。内訳は、交換用物資を利用することにより、糧秣を有利に調弁（節約額一〇〇〇万円〔約五〇〇億円〕）したり、中支において大豆、小麦、薪、石炭等を廉価に購買し、軍票交換用として二〜三倍の価格で販売した利益金（一九〇〇万円〔約九五〇億円〕）と、各野戦貨物廠で使用する原料を廉価に調弁し、生産能率を上げた場合の経費節減額（一五〇〇万円〔約七五〇億円〕）等であった。[157] 実際にこれが実現したかどうかは不明であるが、現地自活の徹底が及ぼす補給物資の節約と経費の節減効果は、かなりのものがあったといえるだろう。

昭和一八年四月には、陸軍主計団記事発行部が『現地自活集録』を作成している。これは、関東軍、北支派遣軍、中支派遣軍、南支派遣軍、比島派遣軍および南方派遣軍の現地自活の取組状況や体験を紹介しているもので、他部隊の現況を把握し、良い点を取り入れて欲しいという趣旨で編纂されている。[158] その他、昭和一八年七月に陸軍省が編纂した『現地自活（衣糧）ノ勝利』の「第三　糧食之部」を見ると、南方での自給自足に記述内容がシフトしている。[159] 少しでも南方の島嶼駐留部隊の役に立てばという趣旨であると思われる。

実際、南方の島嶼に駐留した部隊は、補給が途絶し、辛酸をなめ、メレヨン島などは餓死者が続出している。これに対して、ラバウルに駐屯した第八方面軍では、方面軍司令官・今村均中将指導の下、早期から現地自活体制を整備し、ラバウルでの餓死者を予防している。今村軍司令官は、ラバウルに進出早々、経理部長の森田親三主計少将に対し、現地自活計画の立案と昭和一八年一月末日までの提出を命じている。森田経理部長は、熱帯産業研究所サイパン支所長の山中一郎技師を一ヵ月の予定で招聘し、軍参謀の太田庄次少佐、広田明野戦貨物廠長、松久徳太郎兵站司令官、山中技師と十分な協議を行い、食料の自給計画を立案した。それに基き、農事指導員、農耕作業員、陸稲や野菜の種子、農機具類を陸軍省に追送要求し、現地自活に着手している。

食料自給計画の概要は次のとおりである。

①　主食は陸稲とサツマイモ、副食は養鶏および養豚、それに野菜の栽培、調味料等は海水より塩を、油はヤシの実より採る。

②　開墾耕作面積は、一人あたり主食用に六〇坪、野菜用に一五坪、総面積二五〇〇町

157　野戦経理長官部「現地視察ニ伴フ対策事項」ＪＡＣＡＲ［アジア歴史資料センター］
158　陸軍主計団記事発行部『現地自活集録』ＪＡＣＡＲ［アジア歴史資料センター］
159　陸軍省『現地自活（衣糧）ノ勝利』ＪＡＣＡＲ［アジア歴史資料センター］

歩を目標とする。

③　主食は方面軍が一括管理し、野菜は部隊毎に栽培する。

④　ラバウル地区の直営農場六ヵ所は、野戦貨物廠および兵站司令部が担当する。[160]

このような形で現地自活を開始しているが、その作業を陣地構築と勘違いした連合軍が爆撃してくるため、夜間を利用して開墾したり、煙幕を張って退避したりと命がけの作業であったという。この間、今村方面軍司令官自らが先頭に立ち、日朝点呼前から耕作に励んでいた。当時の状況を回想した文章があるので、引用したい。

そこでたった一人畑を耕している男がおるんです。それ今村さんですよ。（中略）「軍司令官おはようございます。ご精が出ますね」といったら、「おれはこういう命令を出したけれども、司令官とか隊長が、おいやれ、おいやれと部下にいったら、部下が何でもやらなければならん。おれが食うだけのものは少くもおれが耕すんだ」といって、軍司令官が一番朝早く出てやっておるんだ。これを見ると参謀でもいやいやながら、仕方がないから（笑）真似する。それが成果を挙げた原因の一つです。[161]

このように、森田経理部長の綿密な計画と周到な準備、そして今村軍司令官の率先垂範があったからこそ、ラバウル駐屯の第八方面軍の現地自活は成功したといえよう。この際、サツマイモ畑がネズミや芋虫で全滅したため、畑の周りにネズミ用として深さ一間半（二・七メートル）から二間（三・六メートル）の垂直な溝を、芋虫用には幅二尺（六〇センチ）、深さ三尺（九〇センチ）の溝を掘り、他の畑への被害を防止している。この時ほど、土木機械があればそれほど苦労しなくて済むのにと思ったことはなかったという回想がある。

トウモロコシは、八〇日で収穫できるため、増産が奨励されていたが、成熟する頃を見計らって何百羽というオウムの大群が来るため、油断がならなかったようだ。さらに、養鶏では、アリの卵がトリの好物と分かったため、各部隊で競ってジャングルにある巣から採取していたという。

最終的に作付面積は一万九五六八反歩となり、目標面積の九〇％を達成し、終戦後も豪

160　柴田隆一・中村賢治『陸軍経理部』芙蓉書房
161　若松会編『陸軍経理部よもやま話』若松会

軍から一切の配給を受けていない。さらに、豪軍の艦船を使って、隷下の第一七軍（ブーゲンビル方面）および第一八軍（ニューギニア方面）の約一万名に対し、合計一〇〇〇トンの物資を補給しているほどだ。[162]どれだけ今村方面軍司令官が卓越した慧眼を持っていたか分かるエピソードであろう。

野戦酒保の華麗なラインナップ

前述したように、酒保は平時において日々の軍務の疲れを癒す、兵の慰安の場であった。酒を酌み交わし、甘味品を食べ、明日への英気を養っていた。その酒保は、戦時でも野戦酒保という形で部隊に付属して設置されている。その目的は、軍人軍属、その他従軍を許されたものに対して、必要な日用品や飲食物を廉価に販売することにあった。

北支那方面軍経理部の昭和一三年二月における酒保品補給品員数表をみると、野戦酒保の品ぞろえは、なかなか種類が豊富だったことに驚かされる。[163]

酒類

清酒（い号：二斗、一升、二合）、（ろ号：一升、二合）、ジョニーウォーカー（黒、赤）、

ビール

清涼飲料水

三ツ矢サイダー、三菱サイダー

たばこ

五福、ミューズ、スピーヤ、レバイバル、ほまれ

缶詰

みかん、鳳梨（パインアップル）、枇杷、蜜豆、茹小豆、浅利貝、米烏賊、鮭、牛肉大和煮、帆立貝柱、牛肉野菜煮、鮪フレーク、牛肉と筍大和煮、トマトサーディン

甘味品

きびだんご、不老餅、兵六餅、松露、羊羹、キャラメル、ドロップ、板チョコレート、ビスケット、ピーナット、練乳、角砂糖

日用品

化粧石鹸、クラブ練歯磨、歯ブラシ、落し紙、大学ノート、ペン先、ペン軸、ハンカチ、

162　若松会編『陸軍経理部よもやま話』若松会、柴田隆一・中村賢治『陸軍経理部』芙蓉書房

163　北支那方面軍司令部「戦時旬報提出ノ件（12）」ＪＡＣＡＲ［アジア歴史資料センター］

夏猿股、絵葉書、事変絵葉書、封緘はがき、便箋、角封筒、和封筒、小刀、安全マッチ、色鉛筆、青インキ、手袋、仁丹、健胃錠、事変アルバム、軍事郵便はがき、鉛筆

酒類で見れば、上海からの流通品なのか、ジョニ黒やジョニ赤があり、たばこも中国産など外国産らしき銘柄がある。また、缶詰の種類もかなり豊富で、甘味品では、板チョコもあった。帝国海軍潜水艦のような名前の清酒、い号、ろ号はどのような分類になっているかは不明である。

この他、この当時の中国や満州に駐屯する部隊に対する追送品を見ると、次のような物品が陸軍糧秣廠に要求されていた。昭和一三年八月の関東軍からの要求に基づく追送では、札幌ビール、三ツ矢サイダー（サイダーはなるべく三ツ矢印を希望）。驚くことに、なんと銘柄まで指定されていた。[164]

昭和一四年三月の関東軍からの要求に基づく追送は、食料品等が二八品目。主なものは次のとおりだ。[165]

キリンビール、サッポロビール、アサヒビール、貝柱缶詰、海苔佃煮、味付海苔丸缶、

松茸水煮缶詰、白玉粉、味の素、サントリーウイスキー（角瓶、丸瓶）、カルピス（赤）

そして、日用品等が三五品目。主なものは次のとおりであった。

半紙、江戸川巻紙、奉書巻紙、墨汁、小刀、タオル、貴重品袋、風呂敷、仁丹、国旗、国旗用金の玉等。他に衣料品が一七品目で、ワイシャツ、冬毛メリヤスシャツ、冬毛ズボン下、夏メリヤスシャツ半袖、夏メリヤスズボン下、猿股、軍靴下等

さらに、昭和一四年一月の北支那派遣軍および三月の中支那派遣軍からの要求に基づく追送は、次のようなものがあった。[166]

清酒甲（月桂冠、菊正宗、大関、賀茂鶴、忠勇、櫻正宗クラスのもの）、清酒乙（祝砲、進軍、大正櫻、新世界クラスのもの）、蜜豆缶詰、馬手貝缶詰、貝柱缶詰、赤貝缶詰、鰻蒲

164　関東軍「野戦酒保品追送ニ関スル件」ＪＡＣＡＲ［アジア歴史資料センター］
165〜166　陸軍省経理局衣糧課「野戦酒保品追送ニ関スル件」ＪＡＣＡＲ［アジア歴史資料センター］

焼缶詰、関東煮缶詰、飯蛸缶詰、サザエ缶詰、塩辛瓶詰、雲丹瓶詰、福神漬缶詰、味付落花生、グリコ、コーヒー、紅茶、ココア

現代でも非常に珍しい馬手貝の缶詰があり、貝関係の缶詰のバリエーションが豊富であることに気付く。やはり、戦地での補給と輸送の便利さから缶詰のバリエーションが増えたのであろう。

価格は実際のところどうであったのかというと、昭和一八年一一月における猛部隊（第一八軍。主にニューギニア方面の作戦を担当）の総酒保からの仕入値と部隊酒保の販売価格は次のとおりである。

生姜飴、ドロップ、ビスケット、かりん糖などは、一二〇グラムあたり一二・六銭を二〇銭（利益率三七％、以下同）で販売していた。そしてチョコレートは一二〇グラムあたり一八銭を三〇銭（四〇％）で、キャラメルは一箱あたり一円二〇銭を二円（四〇％）で販売している。チョコレートよりもキャラメルの方が高い理由は、不明である。

また、酒類を見ると、醸造酒が一升あたり一円八〇銭を三円（四〇％）で、ビールが一本あたり四〇銭を六〇銭（三三・三％）で、ウイスキー（角）が一本あたり一〇円を一六

円（三七・五％）で、ウイスキー（丸）が一本あたり五円を八円（三七・五％）で販売していた。サイダーは、一本あたり三〇銭を四五銭（三三・三％）だった。サイダーは清涼飲料水なのに、価格がビールとそれほど変わらない。おそらく砂糖を大量に使用するからであろう。砂糖は、一キログラムあたり五〇銭が八〇銭（三七・五％）となっている（原文では八円となっているが、これは仕入値から考えて誤記だと思われる）。この砂糖は、小豆等を使ってぜんざいや饅頭を作るためのものである。[167]

　このように、利益率は大体三三・三～四〇％の高率で販売しており、かなりの利益が出たのではないかと思う。販売価格も、物資不足の折であり、キャラメルなどは現在価値に直すと一箱約一万円、清酒が一本約一万五〇〇〇円、ビールが一本約三〇〇〇円、ウイスキー（角）が一本約八万円である。現在の感覚からすると、ぼったくりバーのような、とんでもない金額となっている。もっとも、猛部隊が展開したのはニューギニア方面なので、当初携行分だけで補給が続かず、この価格設定でもすぐに品切れになったのではなかろうか。

167　猛部隊経理部長「猛経主第一六〇号　酒保品ノ補給価格及販売価格ニ関スル件通牒」JACAR「アジア歴史資料センター」

酒のためなら苦労も厭わず

日本酒の手入れも仕事のひとつ

読者の皆さんは、日本酒の「手入れ」と言われても、何をするのか全く想像がつかないのではないかと思う。かくいう筆者も日本酒党だが、「日本酒の手入れ」に関する記述を初めて見た時、一体何のことだろうと、頭の中で「？」マークが乱舞した。

当時の日本酒は、大きい木桶を使用して醸造し、今では鏡割でしか見ない樽に詰めて出荷するのが普通だった。そして酒屋では、各銘柄をブレンドして味や香りを整え、一升瓶を持ってきた客に対して、樽から量り売りしていた。「〇〇の生一本」という言葉を聞いたことがあると思うが、これはブレンドされていない単一の酒蔵でつくられた日本酒をいう。いまでは生一本が当たり前だが、当時は高級酒である。

この醸造や樽詰めの際に、火落菌といわれる特殊な乳酸菌が混入、繁殖することにより、日本酒が白濁して滓のようなものが沈殿することがある。このような状態になることを「火落ち」という。日本酒自体が酸っぱくなり、また火落臭と呼ばれる独特の臭いが発生し、飲むに堪えない代物になってしまう。

通常は、「火入れ」という、加熱して微生物を殺菌するとともに、残存酵素も失活させることで保存性を高める操作を行うが、火入れの温度が低かったり、器材の除菌が不十分だったりした場合、火落菌が侵入し火落ちとなる。現在では、器材もよくなり火落ちした酒に出会うことはめったにない。これに対して、当時はかなりの頻度で火落ちがあったようだ。[168]

また、当時の軍納品の場合、樽か一升瓶での納入であり、一度に大量調達していた。そのため、消費するまでにかなりの時間がかかり、一年近く保管しているのもざらであった。その結果、樽に保管されている日本酒は、木の色がついて赤くなり、樽の木臭も相当なものになる。樽酒も、保管期間が短ければ、木の香りと色が程良くつきおいしく飲めるものの、長期間保管するととても飲めたものではない。

その火落ちしたり、変色したりした日本酒を、飲める状態に戻すのが「日本酒の手入れ」である。

168　灘酒研究会「灘の酒用語集」

その方法は、ざっと次のような流れである。

火落ちに関しては、再度火入れし一定量の寒天を混ぜて、滓引《おりび》き（滓を沈殿させて澄んだ部分を取る）する方法や、火入れをせずに清澄剤（薬品や柿渋）を加えることで滓引きしたり、活性炭を使用して複数回濾過する方法がある。

また、酸っぱくなってしまった日本酒を脱酸する方法としては、一定量の炭酸カリを加えて脱酸する。

火落臭に関しては、新酒の酒粕を一定量加えて五〜七日後に滓引きしたり、活性炭で濾過する方法がある。そして脱色は、活性炭で濾過して除去する。[169]

実際、昭和一五年八月に支那派遣軍から大本営に対して、酒手入用原材料の追送依頼が発出されている。追送要求品の中身は次のとおりだ。

清澄剤光（沢田化学研究所製）一五キログラム、玉渋（柿渋）一二斗、醸造用炭酸カリ八〇ポンド、乳酸（醸造用）五〇ポンド、サルチル酸（日本酒防腐用）三〇ポンド、グルタミンソーダ（日本酒調味用）三〇キログラム、琥珀酸（同前）一五キログラム、石綿一五ポンド、大桶（二〇石入）四個、王冠（一升瓶用）三万組、輪竹（二〇石樽修理用、現地産の竹は脆くて使用不可）六本分

これは、現地で貯蔵している日本酒八三万一〇〇〇リットル中、約五万四〇〇〇リットル（約六・五％）ほどが火落ち等で変質する計算で要求されている。なお、この追送に関する所要輸送費は、予算（おそらく臨時軍事費特別会計予算）から支弁となっていた。[170]

関東陸軍倉庫奉天支廠所属の醸造技師だったと思われる坂本隆之助氏が、当時の日本醸造協会雑誌に、満州における日本酒の手入れや日本酒事情を何度か寄稿している。以後は、坂本氏の記述による。

陸軍が日本酒の手入れを行った理由は、唯一無二の慰安が酒しかないためである。特に満州の奥地方面の場合、故郷を遠く離れ、零下三〇度まで下がる極寒の荒野での寂しい生活である。新京、奉天、哈爾濱《ハルビン》の都会を除いて、兵舎のほとんどが支那家屋であり、天井

169　大内諒『清酒変敗の予防並救済法』明文堂
170　陸軍省経理局衣糧課「酒手入用原材料整備追送ニ関スル件」ＪＡＣＡＲ［アジア歴史資料センター］

は高粱殻を泥で塗って防寒しただけに過ぎない。このような劣悪な環境で慰安など何もなく、映画や芝居も見られない状況では、酒が飲めるかどうかが非常に重要になる。そのため、変質した酒でも飲めるようにする必要があった。[171]

実際の日本酒の手入れに関しては、昭和一〇年七月八日の穆稜《ムーリン》野戦倉庫を最初に何回か記述がある。穆稜野戦倉庫の場合、昭和九年九月から一〇月にかけて納品された七〇〇樽（一樽三六リットル、合計二万五二〇〇リットル）が火落ちしていた。現地の守備隊から、四〇人用天幕（テント）や炊事用の大釜五つを借り、兵士一〇名と苦力《クーリー》（満州人の労働者）二〇名程を使って、火入れ→清澄剤→滓引きを行っている。

同年七月二〇日には、綏芬河《すいふんが》で約一〇〇〇丁（約三六〇〇リットル）を手入れしたとある。ここは、満州の軽井沢と称される海抜五〇〇メートルの場所で、気候が涼しいため火持ちがよく、簡単な手入れで済んだとある。おそらく活性炭で濾過した程度であろう。七月二二日は、東寧《とうねい》で同様の手入れを行っている。ここは、倉庫の状態もそれなりに良く、寒いところだったため、火持ちがよかったようだ。

この手入れに関し、どのような銘柄であったのかも判明している。銘柄としては、鳳凰（奉天）、慶典（奉天）、初鶯（長野県）、富久娘（灘）、金露（魚崎）、末廣（福島県）、爛漫

（秋田県）、忠勇（灘）、真澄（長野県）、吾妻（朝鮮）、菊正宗（灘）、櫻正宗（灘）が挙げられている。[172]

満州産が内地産を逆転

満州の日本酒事情についても触れておきたい。まず、関東軍に納品された内地産の日本酒価格は、昭和九年度の平均価格が半樽（三六リットル）の神戸・宇品渡しで一六円八九銭、昭和一〇年度が一六円五銭、昭和一一年度で一四円八七銭だった。これに対して、満州産の日本酒は昭和一〇年度で一三円七五銭（二円三〇銭安）、昭和一一年度だと一三円九〇銭（九七銭安）であった。[173]

また、関東軍では昭和一一年度から半樽ではなく、大樽（七二リットル）の日本酒を調達するようになっている。これまでは、満州奥地の鉄道やトラックの使えない場所だと、

171　坂本隆之助「満洲より眺めたる日本酒に就て」『日本醸造協会雑誌』第31巻第2号
172　坂本隆之助「北満の日本酒事情」『日本醸造協会雑誌』第30巻第9号
173　坂本隆之助「満洲より眺めたる日本酒に就て」『日本醸造協会雑誌』第31巻第2号、坂本隆之助「最近に於ける内地酒と満洲酒の比較」『日本醸造協会雑誌』第32巻第1号

駄馬で運ぶため半樽にする必要があった。しかし、鉄道も延長し、道路も整備されたことから、取り扱いに困ることがなくなったのも理由の一つである。それに加えて供給者側でも、大樽や菰《こも》（樽に巻くむしろ）はいつでも準備があるものの、半樽は特注品のため納品に間に合わない可能性があった。現に、満州のある酒造蔵に納品を命じたところ、樽は間に合ったが菰が大阪に発注し間に合わなかったため、やむなく大樽の菰を巻いて納品したという。そのため、ちょうど子供が大人の着物を着たようで様にならなかったが、事情を考慮して納入検査を合格にしている。[174]

　関東軍に納入される満州産の酒が安いのは、宣伝が主目的だったためだ。この価格だと利益はほとんど出ないが、陸軍が駐屯しているところには日本人がおり、酒の銘柄をタダで宣伝してもらえる効果があった。さらに、軍に納めていると信用が高くなるという点も見逃せない。一流旅館や料理屋では、内地物の日本酒がもてはやされており、一流どころはみな灘の生一本を出している。そこに食い込むためには、銘柄の知名度を上げることと蔵の信用を上げる必要があった。

　ちなみに民間の一般価格は、内地物の半樽卸値が九五〜一〇〇円、料理屋でお銚子一本が四五〜六〇銭であった。これに対して、満州物の一流品の場合、半樽で五七〜六五円、お銚子だと一本三〇銭である。内地物の場合、関税と送料がかかるとはいえ、いかに軍納品の日本酒が低価格で調達されていたのか理解できよう。[175]

では、内地産と満州・朝鮮産の日本酒の品質はどうだったのであろうか。関東陸軍倉庫奉天支廠では、毎年秋に調達した日本酒の比較審査（樽と瓶詰別）を実施していた。この結果を見ると、昭和一一年度は合計二一銘柄の審査を行い、内地産の中位以下の銘柄と満州・朝鮮産の銘柄は、ほぼ同等であった。これが昭和一二年度になると三一銘柄中、樽は第一位から第三位までを満州産の銘柄が独占し、瓶詰も第二位に満州産が入った。特に、内地産の有名銘柄すべてに対して、香味ともに不良で内地一流銘柄とは思えないとのコメントまである。そして、昭和一三年度は樽酒一九銘柄、瓶詰三四銘柄で、月桂冠が飛びぬけて良い以外は、内地産と満州・朝鮮産の出来が同一との評価だった。[176]

174　坂本隆之助「満洲より眺めたる日本酒に就て」『日本醸造協会雑誌』第31巻第2号
175　坂本隆之助「最近に於ける内地酒と満洲酒の比較」『日本醸造協会雑誌』第32巻第1号
176　坂本隆之助「満洲より眺めたる日本酒に就て」『日本醸造協会雑誌』第31巻第2号、坂本隆之助「最近に於ける内地酒と満洲酒の比較」『日本醸造協会雑誌』第32巻第1号、坂本隆之助「満洲に於ける日本酒状況」『日本醸造協会雑誌』第33巻第2号なぜ、昭和一二年から日本酒の評価が逆転しているのだろうか。これには、二つの理由が考えられる。一つ目は、軍納品の価格が安く設定されているため、内地の酒蔵があまり出来のよくなかった安価な日本酒を納入している可能性。二つ目は、満州産の日本酒がレベルアップしたこと。満州の酒造業の場合、水・気候・原料・設備は申し分なかった。しかし、約八割の酒蔵が満州事変後に開業していることから、開業から日が浅いところが多かった。杜氏も優秀な者が渡って来ていたものの、最初の一〜二年は内地との気候等の違いから大事をとり、試醸だけが行われ十分に腕を発揮していない。経営者の方も、万一失敗すると取り返しがつかないから、最初は消極的方針で水・気候に慣れてから思い切った酒造りを行うところがほとんどだった。その試醸、消極的期間が過ぎ、酒造のレベルが向上した結果であるという。ちなみに、昭和一〇年の満州における酒蔵は、関東州が一三蔵、関東州以外が四九蔵の合計六二蔵である[177]。

　最後に、昭和一八年の少し逼迫した満州における酒造業の状況を見たいと思う。このころになると、戦場も南方にわたり各種物資が不足している。米も例外ではなく、一定量の米に対して作ることができる日本酒の量を増やすことが課題となっていた。このため、昭和一七年に三蔵が日本酒増量法の研究に乗り出し、日本酒から製造した酒精（エチルアルコール）にグリコースと乳酸を加えて、醪《もろみ》に添加することで、従来の純米酒と比較して三倍の増量に成功した。これがいわゆる三倍増醸である。戦後もポピュラーな酒で、酒といえば三倍増醸酒が当たり前であった。

昭和一八年には、この三倍増醸酒を「新日本酒」と命名し、一三蔵に生産を委託している。この新日本酒は、色が薄く光沢が良いため素人だと純米酒との区別がつかず、白米一石（一五〇キログラム）から三石二斗（四八〇キログラム）は確実に製造できる。そのため、時局柄じつに酒造界の大革命と称されており、坂本氏も各蔵に対する技術指導で忙しかったようである。このように、軍と切っても切れなかった日本酒には、いろいろと知られざるエピソードがあったといえよう。[178]

中国戦線での酒醸造大作戦

中国戦線における酒の供給は当初、日本本土からの追送品だけに頼っていた。しかし、

177　坂本隆之助「満洲に於ける日本酒醸造に付て」『日本醸造協会雑誌』第30巻第6号、坂本隆之助「本年度満洲の酒造状況」『日本醸造協会雑誌』第31巻第3号

178　坂本隆之助「満洲だより」『日本醸造協会雑誌』第38巻第5号

図表25　樽を利用した野戦簡易濾水器

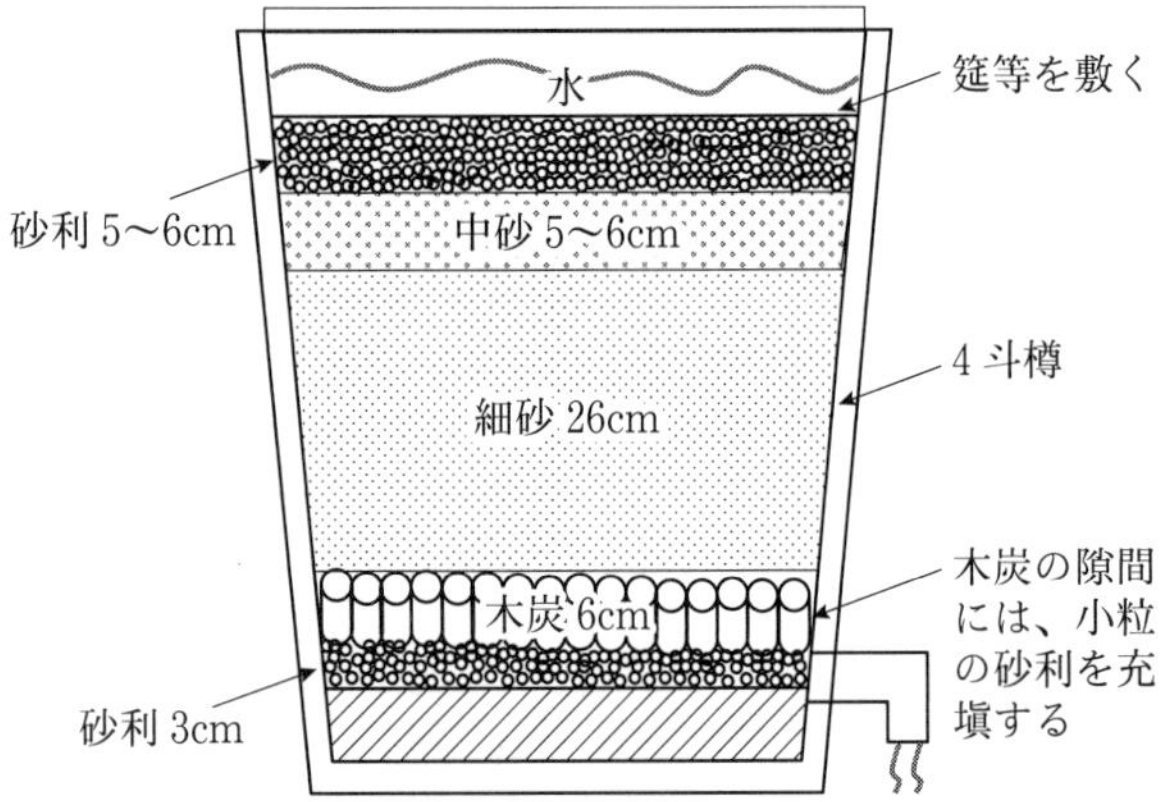

濾水能力：1時間5斗

追送中あるいは野戦貨物廠や野戦倉庫での保管中の変質や盗み飲みの被害が絶えなかった。

漢口（中支）の第一一軍貨物廠長だった紺田修一大佐（昭和一六年八月赴任）は、この事実を知ると、現地で日本本土と同じような品質の酒が醸造できれば、追送が不要になるため、何とかならないものかと頭を痛めていた。またその頃、空き家になっていた六階建のデパート跡があり、野戦貨物廠で何かに再利用できないか検討していた。ちょうど屋上では、中央の壁の蛇口から水が出ており、その下は池になっていて、元は錦鯉や金魚を飼っていた風情であったという。

紺田廠長は、この建物を見て閃くものがあり、調達部長に対して雨樋《あまどい》二〇〇〇メートル、四斗樽二〇個、木炭四〇俵を緊急調達するよう命じた。紺田廠長のアイデアは、六階の屋上で相当量の水が確保できるので、この水を利用してデパート跡を日本酒の醸造所にしようというものだった。しかし、中国の水道水は川と同じような泥水だったため、果たしてうまくいくかと、部下たちは互いに顔を見合わせたという。

屋上から出る水を、流しそうめんよろしく緩い傾斜をつけた雨樋に流し、雨樋の切目に落差を設け、六階から一階までぐるぐると流す。その途中途中に濾水器を置いて水を濾過し、トータル二〇〇〇メートルかけて水を磨き、最後の水を樽にためるという作業をしたという。

最後に貯まった水は、本土の井戸水と同じ味だったとのこと。おそらく、『現地自活（衣糧）ノ勝利』に掲載された図表25の野戦簡易濾水器と同じようなものを、二〇個も作って濾過しまくったのだから、当然といえば当然の結果といえよう。[179] 〇ツ矢サイダーのように、じっくりと丁寧に水を磨いている訳だから。

一番の難関である水の問題がクリアできたため、岡山から醸造要員として賀茂鶴の従業

179　陸軍省『現地自活（衣糧）ノ勝利』ＪＡＣＡＲ［アジア歴史資料センター］

員一〇名程を召集し、その際に必要器材および材料も携行させた。さらに一升瓶何万本かを陸軍省に追送要求している。数ヵ月後に仕上がった酒は、良好な出来で、特級酒に相当するものを「悠久」、一級酒に相当するものを「大陸」と命名し、将校下士官用と兵用として、それぞれ提供したという。その後、醸造能力も逐次拡充されていくと、本土からの追送自体が不要となり、余剰をもって民間にも出荷ができ、最終的に戦争終結まで醸造が続けられている[180]。

一方、南支の第八六一二部隊では、合成酒を製造している。これは、濃度約九八％の純正アルコールを水で薄め、これに諸薬品を投入して脱臭調味を施したうえで、追送された醸造酒を親酒として二割混入して風味を整えたものである。部隊説明によれば、品質優良で年約九〇〇キロリットル生産し、加給品および酒保品として南支軍全体の需要を概ね満たしていたという。ちなみに銘柄名は「自珠」であった[181]。

この「自珠」は、追送品の酒が五倍の量に化けるもので、言葉は悪いがある意味で水増し酒といえるだろう。もっとも、前述したように本土の酒造メーカー自体も、戦時になると酒米の他に醸造用アルコールや糖類等を添加した三倍増醸を行っているため、五倍か三倍かの違いだけである。筆者が子供の時分は、特級酒でもほとんどが三倍増醸の酒だったと記憶している。その後、漫画「美味しんぼ」の影響か、純米酒や本醸造酒、吟醸酒といった特定名称酒がメジャーとなっている。

この他、『現地自活（衣糧）ノ勝利』には、野戦米酒製造法と「パインアップル」酒醸造法なるものが記述されている。南方熱帯地では、気候風土の関係により日本酒の醸造が難しいので、速醸法で簡易に実施できる野戦米酒の方法を紹介している。これによれば、カラミ麹を用いて三日間醗酵させれば、容易に濁り酒ができるという。パインアップル酒の場合は、野戦米酒よりも複雑であり、それなりの設備が必要で、醗酵だけで三週間も必要であった。ただ、搾滓（しぼりかす）を用いて、ブランデーの製造も可能であった。[182]

もっとも、野戦米酒が頻繁に作られたかどうかについては、疑問がある。米は主食であり、それを安易に酒に転用したかどうか。通常の指揮官であれば、自分たちの主食である米を減らしてまで酒を造ることはしないであろう。

ただし、米が食用に適さないのであれば話は別である。千島列島では、駐留していた島

180　若松会編『陸軍経理部よもやま話』若松会
181　陸軍主計団記事発行部『現地自活集録』ＪＡＣＡＲ［アジア歴史資料センター］
182　陸軍省『現地自活（衣糧）ノ勝利』ＪＡＣＡＲ［アジア歴史資料センター］

に港湾設備がなかったため、やむを得ず補給物資を海岸線に陸揚げしていたが、そのまま放置しておくと、満潮時に海水に浸かってしまうことがあった。海水に浸かった米は、とても苦くて食べられた代物ではないため、薬のワカモトから酵母を作り、両者をドラム缶に入れて酒を造っていたという。[183]

兵隊は、いろいろな職業の経験者がいるため、こうした発想が出てきたのだろう。日本人は古来より、酒のためならどんな苦労も厭わないようである。

183　若松会編『陸軍経理部よもやま話』若松会

［コラム4］主食の大麦を馬糧に供出しろといわれても……

日本人の主食は、何といっても米である。最近の炭水化物抜きダイエットの流行による影響で、悪者にされている感のある白米だが、昭和四一年までは一部の年を除いて自給率が一〇〇%を超えておらず、戦後の一定時期まで、誰もが容易に入手できる食品ではなかった。[184]現に、昭和二五年の参議院予算委員会で、池田勇人蔵相（当時）が、「貧乏人は麦を食え」と言ったように（実際の発言は、「私は所得に応じて、所得の少ない人は麦を多く食う、所得の多い人は米を食うというような、経済の原則に副った方へ持って行きたい」なのだが……）、一昔前まで白米は国民全員がいつでもお腹一杯食べられるものではなかったのである。[185]

昭和一二年七月七日に日中戦争が発生すると、兵員もさることながら、輸送手段としての軍馬も中国大陸へ大量に動員された。馬も兵隊同様に食料（馬糧）が必要である。ちなみに馬一頭に対する一日の定量は、大麦五キログラム、干草四キログラム、藁三・五キログラム、食塩二〇グラムである。そのため陸軍では、馬の主食である大麦を中国大陸に向け、大量に

184　総務省統計局「食料需給表　平成30年度食料需給表　品目別自給率の推移」
185　参議院「第九回国会　参議院予算委員会会議録第九号」

追送する必要に迫られた。今回の話は、主食に米が食べられず、やむなく大麦を食べていた東北の寒村の人々に対し、陸軍が農林省を通じて大麦供出の割り当てをした際に生じた問題を取りあげたい。

昭和一二年一一月一五日、当時の憲兵司令官から陸軍省と参謀本部に対して提出された一件の報告書が、大きな波紋を広げることになった。報告書の題名は「軍部の馬糧購入割当に対する宮城県下農民生活の不安情勢に関する件」であり、自分たちの主食である大麦を供出した農民の動揺と、それに対する憲兵司令官の相当な懸念が記述されている。

報告書によると、供出した大麦の代わりに関東・関西方面から裸麦を斡旋販売する予定であったが、「同地方の悪徳商人の買占と四国九州地方農民の売惜み」（傍点―引用者）によって価格が高騰して品不足となり、供出農家に対する裸麦の提供が危ぶまれる事態となった。また、供出した大麦の代金は、後日に時価相当額を支払う予定であったものの、高騰する裸麦を購入できるだけの金額が補償されるかどうか不明だったため、供出農家側に相当な動揺が走った。現に、一部の町村などは、斡旋機関であった宮城県販売購買組合連合会に対し、「我々は自家用の食料として生産した大麦を軍に供出している。それに対して関西地方は相当の利益を得ているにもかかわらず、東北地方の農民にだけ過重な負担を強いるのは不合理である。裸麦の供給を受けられなければ、農民は餓死する」旨の抗議を行っている。[186]

これらの事態を受け憲兵隊司令官は、「このまま放置すれば、軍部に対する信頼を失墜することになり、軍民離反等の事態を起こすおそれがあるため事態の推移を監視中である」と報告しているほどだ。読者は意外に思われるかもしれないが、軍の上層部は戦争遂行の観点から民心が離反することがないよう、常に気にかけていたのである。

この報告書を受け、陸軍省からは農林省に対し、各府県、各戸に対する供出割り当ての適正化や裸麦の共同購入頒布について配慮を依頼する通牒を発している。その後、農林省から昭和一三年二月二六日付で届いた回答では、「宮城県が詳細に実情を調査したところ、単に供出農家は代用麦の補給に困難しない程度の買上価格にして欲しいことを希望しているにすぎない事情であることから、農林省が陸軍糧秣本廠と協議し、供出代価も代用麦の購入に差し支えない金額としており、斡旋配布も順調なので特に問題はない」としている。[187]

このように、憲兵隊司令官の懸念と農林省の回答は、真っ向から対立している。火のないところに煙は立たない。また、憲兵隊の情報収集能力には相当なものがある。そして当時の知事は内務官僚の官選であることから（わが国で知事が選挙によって選出されるようになった

186〜187　陸軍省経理局衣糧課「軍馬用大麦購買方ニ関スル件」ＪＡＣＡＲ［アジア歴史資料センター］

のは、戦後に地方自治法が施行されてからである）、農林省側の回答にバイアスがかかった可能性が否定できないと筆者は見ている。ただ、実際のところはどちらの言い分が真実であったのかは不明なものの、一俵あたり供出大麦の代価が九円五六銭、これに対する裸麦等の斡旋価格が八円八九銭〜九円五八銭であり、結果としては供出農家に対して必要かつ十分な代価が支払われたといえよう。

第四章　軍需品の価格はどう決まっていたのか

言い出しっぺは「マレーの虎」山下将軍

原価計算の強制始まる

昭和一二年七月七日に日中戦争が勃発すると、軍需品の需要は増大の一途をたどり、それに伴う軍需品原料の価格高騰や、一般物価に及ぼす影響が問題になっていた。例えば、陸軍造兵廠作成の「支那事変業務実施報告　第九号」（一〇月六日〜同一五日）には、「軍需動員の実施に加えて至急調達品の増大とあいまって調達業務はますます複雑となってきており、特に特殊鋼の製造能力の枯渇と物価騰貴の諸情勢は、造兵需品の調達に対して前途多難を予想させるものがある」（傍点―引用者）と記述されている。それに続いて、「八八式七〇ミリ高射砲ゴム輪帯の調弁では、従来カルテル不参加企業より安価に調弁していたところ、需要急増によりやむなくカルテル参加企業に供給を要請したが断られ、粘り強い交渉の結果、ようやくその中の一社から納入を受けることに成功した」ことが切々と述べられている。[188]

また、陸軍造兵廠火工廠作成の「昭和一二、十〜十二　支那事変経験録（第二号）」では、

「諸物価は一〇月以降は九月に比較して少しずつ増加しており、その中でも軍需資材である化学工業薬品、金属類、木材類、器具機械類の中で物価上昇が著しいものがあり、在庫がなくなり調達が一層困難となっている」（傍点—引用者）と述べている。[189]図表26に示すとおり硫酸を除き、火薬類関係の原材料価格が暴騰しているのが分かるだろう。

ちなみに、石炭酸はフェノールのことであり、読んで字の如く石炭から合成できる。もともと陸軍はＴＮＴ（トリニトロトルエン）が主力爆薬であったが、石油が枯渇してくると、石炭酸から下瀬火薬、いわゆるピクリン酸を製造し、代用爆薬としている。硫酸と硝酸は、混ぜて混酸とし、脱脂綿を浸せばニトロセルロース、グリセリンを反応させればニトログリセリンとなり、無煙火薬等の原料となる。四塩化炭素は毒ガスであるホスゲンの原料であり、板は弾薬箱の原料だったようである。

当時の経済政策の基本原則は、（一）軍需の充足、（二）物価の抑制、（三）輸出の振興であった。これは、軍需品の製造に使用する高性能の工作機械は欧米より輸入せざるを得

188　陸軍造兵廠「支那事変業務実施報告」ＪＡＣＡＲ［アジア歴史資料センター］
189　陸軍造兵廠火工廠「支那事変経験録（第二号）」（昭和12年10月～12月）ＪＡＣＡＲ［アジア歴史資料センター］

図表26　火薬類材料騰貴率一覧表

	単位	昭和12年6月市価	昭和12年9月市価	騰貴率	昭和12年12月市価	騰貴率
石炭酸	1t	1310・00円	2320・00円	77・1％	3000・00円	129・0％
硫酸（66％）	〃	84・44円	84・44円	0・0％	86・20円	2・1％
硝酸（98％）	〃	187・14円	221・40円	18・3％	357・00円	90・8％
硝酸（40％）	〃	137・87円	163・63円	18・7％	219・00円	58・8％
四塩化炭素	〃	390・00円	450・00円	15・4％	800・00円	105・1％
エゾ松板割	1枚	1・19円	1・19円	0・0％	1・70円	42・9％
杉板割	〃	1・28円	1・42円	10・9％	2・00円	56・3％

なかったため、生産力拡充のためには積極的に輸出を行って外貨を稼ぐ必要があったからだ。さらに輸出の振興のためには国内物価を国際水準以下に下げなければいけなかった。

このように、当時の経済情勢から見ると、軍需の充足、物価の抑制、輸出の振興は、それぞれ密接に連環する問題であり、軍需を充足していくためには、物価の抑制および輸出の振興が必要不可欠であったのである。

そして、（二）の要請から、昭和一四年の「物価統制ノ大綱」（五月閣議決定）および「物価統制実施要綱」（八月中央物価委員会決定）が定められ、原価計算によって適正価格を算定することとされた。陸軍はこの二つの決定に基づく形で、同年一〇月の「軍需品工場事業場検査令」（勅令第七〇七号）および「軍需品工場事業場検査令施行規則」（陸軍省令第五三号）を根拠として、別冊「陸軍軍需品工場事業場原価計算要綱」等の必要な規程を制定し、陸軍と取引のある民間の工場事業場に原価計算を強制した。

それに対して海軍は、陸軍に遅れること約三カ月の昭和一五年一月に、「海軍軍需品工場事業場検査令施行規則」（海軍省令第一号）および「海軍軍需品工場事業場原価計算準則」を制定し、陸軍同様、海軍と取引のある民間工場に原価計算を強制している。

幅広い教養をもった能吏

それでは、なぜわが国の軍需品調弁に原価計算制度が導入されることになったのであろうか。

そもそも、日中戦争開戦前までは、兵器は基本的に造兵廠が作っており、価格は後述するように造兵廠の製造決算で製造原価を計算していた。これに対して需品関係は、指名競争入札で価格を決定していたのである（当時は談合のことを連合入札と称しており、排除業者を指名しないように各師団経理部が隷下部隊に通知していた）。そんななか、日中戦争に伴う軍需品原料の価格暴騰とそれにつられた物価高騰の問題を前にして、ひとりの軍人の働きかけがあったと言われている。そのエピソードについて、当時、原価計算規程等の制定に携わっていた会計学者の証言を引用したいと思う。太田哲三（のちの企業会計審議会会長。四大監査法人の一つである太田昭和監査法人〔現：EY新日本有限責任監査法人〕の創始者）は、当時の状況を次のように述べている。

> 独逸では（中略）統制経済に入るとともに、（中略）グラントゲゼッツ（総則と訳されている）を制定して、これを基準として各業者に原価計算を実施せしめていた。昭和一四、五年に独逸から帰朝した山下奉文氏が帰朝談として述べたのはこのことで、独逸では軍需品の調弁に原価計算を基礎として、合理的に運営されていることを論じたのであった。武弁一点張りと見られていた山下氏が、かかる経済問題にまで関心をもっていたことには驚いたと、中西君だか本城少佐だかに聞いたことがある。英米排撃、独逸風にならわんとしている時代風潮もあったであろう。軍需工場に対して原価計算を実施せし

めることについては、素晴らしい努力が払われたのであった。[190]（傍点―引用者）

同様に、黒澤清（太田哲三の次の企業会計審議会会長。戦後の会計学の発展に大きな役割を果たす）も次のように述べている。

急激な変化は、昭和一四年前後に起こったのである。多分その前年だったと思うが、ドイツから帰国した山下奉文中将（少将だったかも知れない）が政府に提出した報告書がそのきっかけとなった。山下報告書は、戦時統制経済の運営の不可欠の基礎として、価格統制と原価計算制度の確立を強調したものであった。山下報告の基調をなした資料は、ドイツの原価計算総則、価格計算令、経済性告示等であったことは疑問の余地がない。こうして、山下報告が一つの動因となって、我が国の戦時経済体制下における大規模な原価計算運動が展開されることになるのである。[191]（傍点―引用者）

190　太田哲三『近代会計側面誌―会計学の六十年―』中央経済社
191　黒澤清「日本の会計回顧録―日本会計学のあゆみ―その18―」『企業会計』第28巻第1号

このように、細部で微妙に異なる部分はあるものの、陸軍の軍需品調弁に原価計算制度が導入されたことに関し、山下奉文将軍の帰朝談あるいは報告が大きな影響を与えたようである。山下将軍が陸軍省に対して働きかけた時期は、どちらの証言でも不明確である。また、航空本部長としてドイツに調査に行ったのは、昭和一五年末から昭和一六年の初夏ごろまでであるため、時期的に符合しない。昭和一三年ごろ、何かの調査でドイツに渡っているのか、ドイツ駐在武官の報告書を読んだか、あるいは陸軍省経理局の経理部将校からドイツの軍需品調弁に関する話を聞いて提案したのかもしれない。いずれにしても、軍需品の調弁に原価計算制度の導入を決定したのは、昭和一四年三月に陸軍省に設置された「軍需品価格対策委員会」である。

それでは、なぜ山下将軍は、ドイツの原価計算に基づく軍需品調弁について、わが国での導入を働きかけたのだろうか。おそらく次のような実体験から、わが国の軍備拡充を行うために必要な手段であると判断したのであろう。

　東条（英機―引用者）と山下はスイスに来てから親密の度を急速に高めた。第一次世界大戦がちょうど終わったばかりであったから、（中略―引用者）西部戦線の戦場を旅して、ハンブルクで一緒に遊んだ。敗戦に打ちひしがれたドイツでは、食品の値段は日ごとに飛翔していた。山下はこれまで経済学には全く無関心であったが、町を散歩する途中で毎日千マルク単位で跳ねあがるショーウィンドウの正札を見ると、眉につばをつけて思わず見とれるのであった。彼は東条に向かって、「日本がいつか他国と戦争をするようになったら、降伏してこんな状態に陥ってはいかんな」といった。[192]（傍点――引用者）

当時大尉だった山下将軍は、大正八年四月よりベルン駐在を命ぜられ、東条大尉も同時期にベルンのスイス大使館武官付補佐であった。このように、山下将軍は敗戦国の悲哀を直接肌で感じ、その経験から経済学に興味を持ったようである。そして、昭和二年二月にオーストリア大使館付武官になった際は、ドイツのインフレーションに衝撃を受けた体験からか、ウィーン大学の聴講生となり、政治・経済学を学んでいる。その際、経営経済学に分類される会計学や原価計算も同時に学んだ可能性がある。

192　J・D・ポッター『マレーの虎―山下奉文の生涯―』恒文社

さらに、大佐時代には、昭和七年七月「第四回総動員計画会議」および昭和八年五月の「陸軍軍需動員計画令」制定時に、軍務局軍事課長として携わっている[193]。この時に、わが国の軍需工業動員計画の困難性、特に予算不足と調弁価格の高騰によって平時備蓄計画量の充足がはかばかしくないことを認識したものと思われる。これらの実体験から、ドイツで効果を挙げている原価計算制度の有効性をよく認識し、その導入について働きかけを行ったのではないかと考えられる。

山下将軍といえば「マレーの虎」のイメージが強く、猪突猛進の猪武者を連想しがちである。実際のところは、軍政に精通し、幅広い教養をもった能吏であったようだ。西浦進（軍事課編制班員、軍事課予算班長、高級課員、軍事課長、支那派遣軍参謀。最終階級大佐）は、陸軍省の高級課員以上の上級者が、部下の業務内容を全く知らなかったことに大変驚愕している。そして、上級者が不勉強で業務を知らず部下に任せっきりにしている状況は、部下を増長させる要因であり、陸軍における下剋上の原因であったとしている。一方で、当時、軍事課長だった山下将軍（大佐時代）については、部下のロボットではなく「何といっても省内に重きをなしていた。一面豪放の風があったが、はたについていた自分としては非常に細心な人であるという印象の方が強い。寧ろ豪放は自分でそういう風に工夫努力していたのであろうと思われた。風貌の点も余程カムフラージュに役立っていたと思う。自分としては当時永田（鉄山―引用者）、山下という風に優秀な課長の下で勤務し得たことは自分の修養にもなったし、また仕事も随分やり易かったと今でもありがたく思っている」と述懐している。また、軍事課は主計課との結びつきが強く、経理部将校の優秀性、有効性をよく理解していた。そのため、兵科将校の士官学校制度に相当する経理部将校の主計候補生制度を復活させたのも、山下将軍だったようである。[194]

193　防衛庁防衛研修所戦史室『戦史叢書　陸軍軍需動員〈1〉計画編』朝雲新聞社
194　西浦進『昭和戦争史の証言』原書房

軍需品価格計算の実際は

「適正価格主義」の採用

　前述したように、陸軍は昭和一四年一〇月の「軍需品工場事業場検査令」（勅令第七〇七号）および「軍需品工場事業場検査令施行規則」（陸軍省令第五三号）を根拠に、別冊「陸軍軍需品工場事業場原価計算要綱」（以下「陸軍要綱」と略）等の必要な規程を制定し、陸軍と取引のある民間の軍需企業に原価計算を強制している。

　これに合わせて、陸軍では昭和一四年度から軍需品調弁価格決定要領を作成し、最終的には、昭和一七年三月に大東亜戦争の間に一貫して適用する規程として、「陸軍軍需品調弁実施規程」を制定している。一四年度軍需品調弁価格決定要領では、昭和一三年一二月三一日以前の直近調弁価格を基準価格とし、基準価格の七％減での調弁を指示している。[195]また、昭和一五年度軍需品調弁要領では、基準価格以下にするように努めるよう指示した。[196]

　そして、昭和一六年度軍需品調弁要領では、原価計算制度が軌道に乗ったことにより、調弁価格を前年度の基準価格以下にするよう努める「基準価格主義」から、原価を基礎に適正利益を附加する「適正価格主義」に転換している。[197]

　適正利益の計算は、当初「陸軍適正利潤率算定要領」（昭和一五年四月、以下「利潤率要領」と略）に基づいて行われたようであるが、その後に主に用いられたのは、計算の簡易化を図った「陸軍軍需工業適正利益率算定要綱」（昭和一六年三月、以下「利益率要綱」と略）だったようだ。利潤率要領の場合だと、一から一〇まで自分で計算しなければならなかったため、速成教育を受けた幹部候補生出身の経理部将校では、負担が大きかったのだろう。だから、利益率要綱の場合、一部の数値だけ入れて、あとは表のとおりに計算すれば適正利益率が半自動で算出されるよう、大幅に改善されている。[198]

　軍需企業側は、陸軍要綱に基づいて原価計算を行い、会計監督官や調弁官に対して、必要な原価データを提出している。会計監督官は、データを取りまとめ、同業種の軍需企業に対する能率指導に使用するとともに、適正価格を計算して調弁官に提供している。原価

195　陸軍省監査課「軍需品調弁価格決定要領ニ関スル件」JACAR［アジア歴史資料センター］
196　陸軍省監査課「昭和十五年度軍需品調弁要領ニ関スル件」JACAR［アジア歴史資料センター］
197　陸軍省監査課「昭和十六年度軍需品調弁要領ニ関スル件」JACAR［アジア歴史資料センター］
198　陸軍省経理局「業種別標準利益率及算定基準表ニ関スル件」成蹊大学図書館所蔵、黒澤文庫

データからは、材料の使用量や労働者の作業時間（工数）等が分かるため、同業種の軍需企業を比較すれば、何が無駄に消費されているのかが一目瞭然となる。その無駄の原因を究明し、軍需企業の能率アップを図るのが会計監督官の主要任務の一つであった。

そして、調弁官は、軍需企業から提出された原価データおよび会計監督官が計算した適正価格を基に、調弁する際の予定価格を算定する。これは、最高価格が設定され、入札あるいは商議の際、軍需企業の入札価格や見積価格が予定価格以下となって初めて落札となる（調弁の場合。払い下げの場合は、逆になる）。

この際に注意が必要なのは、契約予定の軍需品の実際原価ではなく、それ以前に調弁した軍需品の実際原価から作成された見積原価を使用している点だ。九七式重爆撃機二型用エンジンであるハ－一〇一を例にとると、契約したとしても、そのハ－一〇一が納入されるのは何カ月も後のことになる。そのため、実際原価はそのときにならないと判明しない。契約予定ロットの実際原価は予定価格の算定に使用できない（まだ完成していないのでいくらかかるのか分からない）ことから、製造企業は同じハ－一〇一で直近に完成したロットの実際原価を使用し、ラーニングカーブ（習熟曲線：作業を繰り返すことによって処理スピードが上がり、作業時間等が一定率で逓減していく様子をグラフ化したもの）を考慮した見積原価を使用して見積書を作成するのである。

陸軍が採用した適正価格主義に基づく価格計算は、欧米の原価加算契約がベースとなっている。この原価加算契約は、実際原価に一定の利益率をかけたものを調達価格とする方法である。本来であれば契約時に概算で価格を仮決定し、製造完了後に実際原価に利益を加算した価格で精算する。

しかし、わが国の場合、予算額を超えて契約してはならないという会計法の制約があるため、その契約予定品の実際原価ではなく見積原価に（附加）利益を加算して予定価格を計算し、入札あるいは商議で契約価格を決定する確定契約にアレンジされている。

このようになったのは、原価加算契約だと決算時に予算が足りているのか不足しているのか、実際に製造が完了しないと判明しないため、そのままの形で導入できなかったからだ。会計法上、一度編成された予算の不足が年度末の決算で判明しても、予算が残っていないと支払えない。[199] その点、確定契約だと予算額を超えて契約しないので、決算で予算が不足する事態には通常ならないのである。

199　米田一男『官庁契約法精解』大蔵財務協会

実際の原価計算

　それでは、実際の価格計算はどのようにしていたのであろうか。昭和一六年に陸軍兵器本部が九六式牽引自動貨車（以下「九六式自動貨車」と略）を調弁した際に、会計監督官が調査した図表27「九六式牽引自動貨車調弁基礎価格算定表」を詳しく見ていこう。

　この九六式自動貨車とは、特殊な牽引鉤で高射砲を牽引する車両であった。あまり知られていないが、自動車化した高射砲部隊もあったようだ。もっとも、戦争末期は燃料が枯渇し、ほとんど役に立たなかったのではないかと考えられる。

　図表27の上半分左側が帝国自動車工業株式会社の個別原価計算による実際原価である。直接材料費が七四八・九三円、直接労働費（工員の給料）が二四四・四九円、直接経費が一・三円の小計九九四・七二円（直接原価）、製造間接費（工場や製造設備の減価償却費等）が三一四・八四円であり、製造原価は直接原価と製造間接費を足した九九四・七二＋三一四・八四＝一三〇九・五六円となる。

　それに一般管理費（会社の総務部や経理部等の費用）八五・一二円が加算され、総原価は一三九四・六八円となる。右側で計算された原価附加利益率一二・八九％を総原価に乗

図表 27　九六式牽引自動貨車調弁基礎価格算定表

計算種別	3級	調弁基礎価格算定表 担任会計監督官　印　昭和16年 7月10日調

品目	契約月日	契約番号	契約数量	単価		指図書番号	製造工場名
96式牽引自動貨車車体	15.6.29	5,344	20	1,158	00	生 84	帝国自動車工業株式会社

個別原価計算

要素					金額	
総原価	製造原価	直接原価	直接材料費	主要材料費	438	76
				買入部品費	310	17
				計	748	93
			直接労働費		244	49
			直接経費		1	30
			計		994	72
		製造間接費			314	84
		合計			1,309	56
	一般管理費				85	12
	販売費	販売直接費			—	
		販売間接費			—	
		計			—	
	総計				1,394	68

原価附加利益率

要素		率
資本構成比率	自己資本	42
	他人資本	58
	前受金の占める率	17
他人資本利子率		5
自己資本利益率	配当基本率	6.5
	社内留保基本率	5.3
	課税基本率	3.74
	計	15.54
経営資本利益率（総資本利益率）		8.9
経営資本回転率（総資本回転率）	実際回転率	0.48
	正常回転率	0.9
	適用すべき回転率	0.69
原価附加利益率		12.89

調弁基礎価格算定

区分	金額		備考
製品原価	1,394	68	
通常利益	179	77	
原価差額利益	—		
役員法定賞与額	1	49	
同族会社税	—		
拡張資産利子	—		
調弁基礎価格	1,575	94	

◎　所見　昭和15年7月着手　昭和16年3月完了
予定価格を実際価格に換算して計算する。

出所）陸軍省「価格等統制令ノ指定価格超過契約ニ関スル件」JACAR［アジア歴史資料センター］

じると、原価附加利益（通常利益）が一七九・七七円となり、役員法定賞与額一・四九円を加算して、調弁基礎価格を一五七五・九四円（約七八八万円、一台あたり）と算出している。

右側の原価附加利益率は、図表28「業種別標準利益率及算定基準表」（以下「基準表」と略）に基づいて計算する。

基準表の配当基本率（A）、社内留保率（B）、配当基本率（A）、社内留保基本率（B）、課税基本率および計（G）は、表の数値をそのまま使用する。会計監督官は、軍需企業の財務諸表（決算書）から、資本構成比率（自己資本比率〔C〕と他人資本比率〔D〕）および総資本回転率（F）を算出し、それを左の算出方法の各式に当てはめれば、原価附加利益率が簡単に算出できる仕組みである。なお、中、小規模企業で財務諸表（決算書）が作成できない企業については、その企業が属する業種の原価附加利益率をそのまま使用することになっていた。自動車工業に属する企業であれば、原価附加利益率は一〇・七八％である。[200]

200　陸軍省経理局「業種別標準利益率及算定基準表ニ関スル件」成蹊大学図書館所蔵、黒澤文庫

図表28　業種別標準利益率及算定基準表（昭和16年度）

業種＼区分	算定基準：配当基本率（A）	算定基準：社内留保率（B）	算定基準：資本構成比率 自己資本（C）	算定基準：資本構成比率 他人資本（D）	算定基準：他人資本利子率（E）	算定基準：総資本回転率（F）	算定方法：自己資本利益率 配当基本率（A′）	算定方法：自己資本利益率 社内留保基本率（B′）	算定方法：自己資本利益率 課税基本率	算定方法：自己資本利益率 計（G）	算定方法：総資本利益率 自己資本利益（i）	算定方法：総資本利益率 他人資本利子（ii）	算定方法：総資本利益率 計（H）	原価附加利益率
金属工業	6・0%	40%	65%	35%	5%（全業種共通）	1・2	6・0%	4・0%	3・12%	13・12%	8・53%	1・75%	10・28%	8・56%
精密機械工業	6・0	40	60	40		1・0	6・0	4・0	3・12	13・12	7・87	2・00	9・87	9・87
航空機工業	6・5	45	40	60		0・8	6・5	5・3	3・65	15・45	6・18	3・00	9・18	11・48
自動車工業	6・5	45	45	55		0・9	6・5	5・3	3・65	15・45	6・95	2・75	9・70	10・78
通信機工業	6・3	43	45	55		1・0	6・3	4・7	3・42	14・42	6・49	2・75	9・24	9・24
工作機械工業	6・0	40	60	40		1・1	6・0	4・0	3・12	13・12	7・87	2・00	9・87	8・97
雑機械工業	6・0	40	60	40		1・2	6・0	4・0	3・12	13・12	7・87	2・00	9・87	8・22
造船業	6・0	40	45	55		1・0	6・0	4・0	3・12	13・12	5・90	2・75	8・65	8・65
化学工業	6・0	40	60	40		1・1	6・0	4・0	3・12	13・12	7・87	2・00	9・87	8・97
石油精製業	6・0	40	65	35		1・0	6・0	4・0	3・12	13・12	8・53	1・75	10・28	10・28
護謨工業	6・0	40	65	35		1・5	6・0	4・0	3・12	13・12	8・53	1・75	10・28	6・85
紡織工業	6・0	30	65	35		1・0	6・0	2・6	2・72	11・32	7・36	1・75	9・11	9・11
食料品工業	6・0	30	70	30		1・5	6・0	2・6	2・72	11・32	7・92	1・50	9・42	6・30
鉱業	6・0	40	65	35		1・0	6・0	4・0	3・12	13・12	8・53	1・75	10・28	10・28

備考　1．（i）自己資本利益は自己資本利益率の総資本に対する率とする。

（ii）他人資本利子は他人資本に対する通常の利子率の総資本に対する率とする。

2．他人資本利子の計算においては前受金の利子を控除しなければならない。

算出方法　配当基本率（A′）＝A　社内留保基本率（B′）＝A×$\frac{B}{100-B}$　自己資本利益率（i）＝C×G　他人資本利子（ii）＝E×D　原価附加利益率＝$\frac{H}{F}$

出所）陸軍省経理局「業種別標準利益率及算定基準表ニ関スル件」成蹊大学図書館所蔵、黒澤文庫

図表29　図表27の利益率計算方法

1　自己資本利益率の計算

(B′) 部分

$$社内留保基本率=配当基本率6.5\%\times\left(\frac{社内留保率45\%}{100-社内留保率45\%}\right)$$

$=6.5\%\times0.81$

$=5.3\%$

(i) 部分

自己資本利益率を経営資本に対する率に換算

＝自己資本利益率15.54%×自己資本構成比率42%

＝6.52%

※自己資本利益率中、課税基本率は本来は3.65%であるが、3.74%を使用している。自己資本利益率の15.45が誤植で15.54になっていた可能性がある。

2　経営資本利益率の計算

前受金の他人資本に対する率に換算

＝前受金他人資本比率17%

他人資本に対する適正な利子率

$$=通常利子率5\%\times\left(\frac{100-前受金他人資本比率17\%}{100}\right)$$

$=5\%\times0.83$

$=4.15\%$

(ii) 部分

他人資本利子率を経営資本に対する率に換算

＝他人資本に対する適正な利子率4.15%×他人資本構成比率58%

＝2.40%

経営資本利益率＝6.52%＋2.40%

＝8.9%

3　経営資本回転率の計算

$$経営資本回転率=\left(\frac{(正常)回転率0.9+実際回転率0.48}{2}\right)$$

＝0.69　※正常回転率と実際回転率に差異がある場合、両者を足して2で割ることで調整を行う

4　原価附加利益率の計算

原価附加利益率

＝経営資本利益率8.9%÷経営資本回転率0.69

＝12.89%

計算の流れは、図表29のとおりである。前受金がある場合は、その分だけ借入金が不要であり、金利がかからないことから、その部分を控除するよう計算する。「2　経営資本利益率の計算」のとおり、通常利子率の一七％減で、五％×〇・八三＝四・一五％となる。
もともと、価格等統制令の指定額がある場合は、その価格で調弁するよう軍需品調弁価格決定要領で定められていた。しかし、九六式自動貨車の場合、昭和一三年度の契約金額が一二〇〇円であったところ、軍の指示により翌年度から価格が一一五八円に固定され、これがそのまま価格等統制令の指定額となって、車体価格が据え置きとなってしまった。
ところが、原材料・工賃は、価格等統制令施行以前から大幅に値上がりしており、この価格では会社側の負担が余りにも多いため、帝国自動車工業株式会社が値上申請を行っている。その際、値上申請価格は一五〇〇円だったが、それが適当かどうか判断するため、調弁官側は、会計監督官が調査・計算した調弁基礎価格算定表の一五七五・九四円と比較しているのである。[201]
会計監督官が計算した調弁基礎価格算定表がほとんど現存していないため、軍需品価格

201　陸軍省「価格等統制令ノ指定価格超過契約ニ関スル件」ＪＡＣＡＲ［アジア歴史資料センター］

計算の実態が判明していない部分が多いものの、原価計算に基づく適正価格主義で予定価格を算定するのが建前であった。

もっとも実際には、「人によっては会計監督官の原価計算ばかり信用してると、物が高くなってしようがない。まあ、大体物を買う時は目方で買えばいいんだ」という極端な場合もあったようである[202]。

また、自身も陸軍の経理部将校として従軍経験のある電気通信大学名誉教授・君塚芳郎も、軍需品の適正価格を決定するすばらしい規則が存在したものの、実際のところ、時々無視されていたと証言している。原価計算を学んだゼミの先輩が大阪に召集され、コストを下げるには面倒な規則ではなく、「一丁まけてんか」と業者の肩を叩けば良いのだと、陸軍の上官から教わったという[203]。

このように、原価計算に基づく適正価格主義で、全ての軍需品の予定価格を算定したとは言い切れないものの、陸軍省経理局監査課は低物価主義を堅持しながら、軍需企業に適正な利潤を与え、なおかつ再生産を続けることができるだけの価格にしようと取り組んでいたのは事実である。

そして、なるべく価格を抑えて、軍需品の調弁数量を増やそうとする現場の心情も理解できる。軍需企業は、その相剋の狭間で振り回され、契約時に一喜一憂したのではなかろうか。

202　若松会編『陸軍経理部よもやま話』若松会
203　君塚芳郎 "Cost Accounting and the War: the Japanese experience"『商学論纂』36巻第5・6号

会計監督官は経営コンサルタント

七〇〇頁を超える分厚いデータ集

昭和九年一月の「軍需品工場の監督に関する件」を皮切りに、陸軍では会計監督官制度が実施されている。しかし、当時はまだ統一原価計算制度が行われておらず、また、会社との契約に基くものであったため強制力もなかった。そのため、当時の陸軍が行った会計監督は、財務上の調査監督を通じて結果的に調弁価格の低下を図るだけで、さしあたり不当利益の発生防止がその措置の主流とならざるを得なかったのが実情である。[204]

この会計監督官制度に実効性を持たせるために法的権限を付与したのが、昭和一三年一月の陸軍軍需監督官令、および昭和一四年一〇月の軍需品工場事業場検査令（以下「検査令」と略記）の各勅令だ。

また、検査令に基づいた別冊「陸軍軍需品工場事業場原価計算要綱」（以下「陸軍要綱」と略記）には、統一原価計算制度（各軍需企業が同一規則に基づいて行う原価計算）が定められた。そして、各勅令により権限を与えられた会計監督官の第一の任務は、この制度を実施するための指導であり、原価計算を行うことによって得られたデータを取りまとめた各種報告書を各軍需工場から定期的に収集することだった。[205]

加えて、調弁担当部署からの要求に基づく軍需品個別の原価調査を実施することが第二の任務であった。この場合、一式戦隼の機体や発動機の原価がいくらかといった特殊な原価調査を行っていた。

三番目として、軍需企業が必要とする資金調達の斡旋があった。これは、軍需品の生産力拡充に必要な措置であり、きわめて重要な任務であったといえる。特に、海軍と競合している軍需品の場合、どちらが生産の主導権を握るかで、納入数が変わってくるため、必死になって遂行していたのである。本来は陸軍と海軍を含めた軍全体としての全体最適が求められるところであるが、部分最適のために汲々としていた。

例えば、ある陸軍の会計監督官が、落下増槽（ドロップタンク：航空機の航続距離を延伸するための投下タンク）の工場で働いていたすり合わせの名人が、独立する話を事前に察

204　八木忠雄「価格面に於ける軍需生産隘路の検討」海軍経理学校研究部『研究調査資料　軍需産業隘路研究』海軍経理学校研究部
205　若松会編『陸軍経理部よもやま話』若松会

知し、海軍より先に開業資金を斡旋して、陸軍の専用工場として使えるように裏工作までしていたのである。ちなみに、この背景には、当時は規格や部品の寸法が標準化されておらず、製品ごとに寸法が微妙に異なっていたため、個々にすり合わせをして取り付ける必要があったことがあげられる。すり合わせの巧拙が軍需品の性能に影響していたのである。

四番目として、軍需企業に対する経営指導を行っていた。軍需品工場の経営能率の増進と経営相互間の合理化を図り、これによって生産原価の低下と生産能力の増大を目指したのだ。[206] 四番目に掲げられているが、一番目と並び特に重要な業務であったといえよう。実際、会計監督官は経営コンサルタントとしての役割を求められていたといえる。

> 常に現場にいて事業主に感化を与え、作業設備や作業の状況、原材料の需給、技術、経理や原価、そして工場の経営実態を把握するとともに、必要に応じ現場作業員、機械工具、原材料、燃料、電力、資金等の獲得について指導してこれらを確保し、監督指導の重点を工場経営の合理化、技術の刷新、能率の増進など生産性の向上と生産原価の低減を指向しなければならない。[207]（傍点──引用者）

このように会計監督官は、能率増進のための経営指導を行っていた。これを可能にしたのが、陸軍要綱に基づく統一原価計算制度であった。この制度により、使用用語の統一、原価計算方法の統一、勘定組織の統一、原価報告資料その他統計資料の統一が行えたからにほかならない。そして、それぞれの原価の構成要素や過去と現在の原価、あるいは同種企業間における原価を相互比較することが可能となったのである。

陸軍では、昭和一五年四月に事業主から徴取する「経理及原価に関する報告書類徴取要領」（陸支普第六七八号）を制定した。これは、様式第一号「工場拡張資金調達表」から第二五号「製造原価、一般管理及販売間接費配賦差額表」まであり、毎営業年度、三カ月ごと、毎月の三回徴取するよう定めていた。[208]

206　本城良三「軍需品価格と軍需品工場事業場検査令に就て」『財政』第４巻第11号、東京日日新聞「陸軍当事者に利潤統制を聴く（1）国家総力戦の整備〝低物価〟と〝生拡〟上喫緊」１９４０年４月26日付朝刊

207　陸軍次官阿南惟幾「工場事業場管理令、軍需品工場事業場検査令及陸軍軍需監督官令ノ運用ニ関スル件関係陸軍部隊へ通牒」ＪＡＣＡＲ［アジア歴史資料センター］

208　陸軍省監査課「経理及原価ニ関スル報告書類徴取要領」ＪＡＣＡＲ［アジア歴史資料センター］

また、同年六月に会計監督官が作成する「会計監督報告要領」（陸支普第一三一四号）が制定され、様式第一号「事業概況比較表」から様式第一五号「会計監督に関する所見表」を決算後五〇日以内に提出することとされた[209]。

それに加えて、昭和一六年には、経営能率増進の基礎、生産計画等の基準資料を得るために、「陸軍軍需品原価能率調査表作成要領」も発出している。こちらは、附表第一「主材料消費量表」から附表第七「電力（蒸気、瓦斯、圧縮空気）消費量表」を作成するよう求めている[210]。

これらを基に『陸軍軍需工業経済年鑑（会計監督並調弁業務資料）』が昭和一六年度から作成されている。これは会計監督官や調弁官の虎の巻といえる資料で、七〇〇頁を超える分厚いデータ集である。これを見れば、自分の担当する企業と同業他社との能率差異が一目瞭然であった。会計監督官も、自分の担当する企業を分析し、能率の良しあしを机上で把握できるようになる。

そして、それに基づき能率の悪い工場には、あなたのところのここはこうやったらどうですか、と良い工場を事例にして説明すると、納得して改善されていったという。また、担当している工場と親しくなるにしたがい、労務、人事、その他経営全般にわたる様々な相談を受けるまでになったようだ。

経営コンサルタントの役割を担った会計監督官は、昭和一五年三月に九五名の甲種幹部候補生がその要員となり、陸軍経理学校で専門的な集合教育を受けた後に誕生している。多くが一流銀行か大企業出身者であり、かなり優秀な人材が投入されている。陸軍が会計監督にかける意気込みが分かるであろう。[211]

その後、人員は一五〇名前後まで増え、一人で三から五の工場を担当していた。しかし、陸軍の場合、恒常的に業務が繁忙だったため、会計監督官として配属された者を他に転用し、業務に専念させない部署があった。当時、人員不足のなかにあっても、会計監督を徹底強化するために、各部隊に相当数の会計監督官を優先的に増員していたにもかかわらずである。[212]このような措置は、増加配属の目的に反しているだけでなく、会計監督業務の成果を減少させ、軍の威信を失墜させる恐れがあった。それゆえ、会計監督官として配属された者を、本来業務である軍需品工場の会計監督業務に従事させるために、昭和一五年八

209　陸軍省副官「会計監督報告要領」ＪＡＣＡＲ［アジア歴史資料センター］
210　陸軍省副官「陸軍軍需品原価能率調査表作成要領」ＪＡＣＡＲ［アジア歴史資料センター］
211〜212　若松会編『陸軍経理部よもやま話』若松会

月に通達まで発出されている。[213]

会計監督官の担当企業に対する指導に必ずしも問題がなかったわけではないが、彼らの指導がベースとなり、戦後のアメリカ管理会計がスムーズに導入できた事実は、多くの会計学者が首肯するところであろう。戦時中のこの経験は、戦後の経済成長における原動力の一つであったことは確かであり、陸軍経理部の面目躍如といったところであろうか。

213　陸軍省監査課「会計監督官ノ業務執行ニ関スル件」JACAR［アジア歴史資料センター］

軍造兵廠特別会計のカラクリ

会計検査院と対立

陸軍造兵廠は、それぞれ独立した組織だった東京砲兵工廠と大阪砲兵工廠が、大正一二年三月に合併して誕生した。陸軍の兵器製造施設であり、兵器の考案・設計と火砲・弾薬等を生産する部門だ。日露戦争や第一次世界大戦の経験から、有事における緊急増産に際して、原材料等の相互融通が図れないことや、経営面でも合理性に欠けることが指摘されていた。そのため、合併の機運が高まり、約一年半の準備期間を経て、設置されるに至った。

合併により、それまでそれぞれで持っていた特別会計が統合され、陸軍造兵廠特別会計となった。[214] 一般会計と異なり「特別会計」と名前がつく場合、基本的に独立採算制だ。

ここでは、陸軍造兵廠特別会計（以下「特別会計」と略）の特徴である「カラクリ」を

214　内閣「東京砲兵工廠及大阪砲兵工廠ノ各特別会計合併ニ関スル法律ヲ定ム」JACAR［アジア歴史資料センター］、皆川國生「陸軍造兵廠作業会計小論―満州事変前後における―」『商学論集』第59巻第4号

見ていきたい。なお、史料の制約により、主に昭和四年度から昭和八年度の頃に関する記述となっているので、予め断っておく。

特徴① 固定資本

陸軍造兵廠の作業経営（独立採算制なので陸軍造兵廠の運営はこう呼ばれていた）は、固定資本（固定生産設備）と運転資本（現金：原材料購入、賃金・給料等に充てた）を使用して行われる。

固定資本は、土地、建物、工作物、船舶、器具、機械の六種に大別される。そして、初度固定資本および拡張固定資本の調達は、一般会計より行われた。一方、固定資本の維持と補充は特別会計の負担であった。また、天災等によって甚大な被害を蒙った固定資本の復旧については、一般会計の負担であったが、全額負担とはほど遠い状況であった。

昭和九年九月に関西で起きた水害における固定資本の被害額は、応急復旧費用一〇万円（約五億円）、本復旧費用が一〇〇万円（約五〇億円）の合計一一〇万円（約五五億円）であった。これに対して、一般会計予算で認められたのは半額に満たない三九万円（約一九億五〇〇〇万円）のみだった。軍縮期においては、陸軍の要求水準まで補塡が認められなかったのが現実である。

また、「拡張」についても一般会計では機動性がなく大蔵省の査定で大幅に削減されている。さらに、既存設備（常用工場用と戦時に使用する休止工場用）についても兵器の高性能化に伴い、常に最新工作機械類を取り揃えておく必要があった。そのため、どうしても特別会計の資金で、拡張まで行わざるを得なかったという。

陸軍作業会計法第三条では、「陸軍造兵廠は俸給諸給旅費庁費職工人夫の諸費材料素品及機械運転用品の購入費土地建物其他工作物船舶機械器具の維持修理及補充費工業場の雑費並に損失金を作業の歳出とす」（傍点―引用者）となっているが、この解釈をめぐって会計検査院と何度も対立したようである。「維持修理及び補充費使用」の当否を狭義に解釈する会計検査院と、維持修理に加えて最新設備に交換・補充するところまでが拡張であると広義に解釈していた陸軍造兵廠とは、対立して当然といえよう。

昭和九年度など、新型航空機の注文を受け、名古屋工廠に航空機製作工場の建物、設備等を特別会計から多額の資金を用いて新設しているほどである。陸軍造兵廠の昭和四年度から昭和八年度における固定資本の維持・補修費関連費用は、五年平均で特別会計費用の七％を占めている。結局、会計検査院側が折れたようであるが、本来の趣旨から言えば、拡張と最新設備への交換・補充は、一般会計より行うべきであった。陸軍造兵廠側からすれば、最新の兵器を能率的に生産していくためのやむを得ざる処置だったのである。[215]

特徴②　運転資本

陸軍造兵廠の運転資本は、法定定額で七〇〇万円（約三五〇億円）であった。固定資本と同様、作業経営や天災等によって損失金が出た場合は、特別会計の作業益金（利益）から補塡し、その補塡後に生ずる利益は、一般会計の国庫収入となる。

昭和四年度から八年度までの年間平均受注額は、大体三〇〇〇万円（約一五〇〇億円）程度であった。この受注を捌くために、運転資本（運転資金）七〇〇万円で果たして足りるだろうか？　陸軍造兵廠側の計算では、受注額の三割が運転資金として必要であるとしている。受注額が三〇〇〇万円の場合、必要運転資金は九〇〇万円（約四五〇億円）である。[216]法定額七〇〇万円との差額である二〇〇万円（約一〇〇〇億円）はどのように資金調達していたのであろうか。作業益金（利益）が発生すると、一般会計に繰り入れられてしまうため、陸軍造兵廠の手元には余分な資金が全く残らない。この不足資金を補ったのが、以下の四つである。

［一　前受金］

前受金には、政府前受金と個人前受金の二種類がある。政府前受金は、航空本部、兵器本廠等より注文を受けた兵器代金について前金払を受けたものだ。陸軍造兵廠では、「造兵廠の作業は前受金によって運用されていると言っても過言ではない実情である」（傍点―引用者）と述べているほど大部分を占めていた。

個人前受金は、個人や在郷軍人会、青年訓練または軍事教練等で必要な兵器火薬、弾丸等の前受金について、現品を引渡すまでの間、運転資本として利用したものであり、火薬の代金がその大部分を占めていた。現代と異なり、当時は個人に火薬を売ったり、在郷軍人会や青年訓練所、学校の軍事教練用に小銃や弾薬を販売していた。当時は徴兵制度や学校で軍事教練があり、兵器は割と身近な存在だったといえる。

215　皆川國生「陸軍造兵廠作業会計小論―満州事変前後における―」『商学論集』第59巻第4号、石毛長蔵「陸軍造兵廠作業会計資金運用論」

216　石毛長蔵「陸軍造兵廠作業会計資金運用論」

［二　自弁材料］

注文兵器製造に際して、兵器廠・航空本部から受領した原材料や廃兵器を利用する制度である。決済は、注文兵器代金から自弁材料の評価額を控除する形で行われる。原材料が他機関から支給される制度であり、その分だけ原材料購入資金が不要となる。

［三　借入兵器］

借入兵器は、外国や民間からの募金による献納兵器の注文を受け、陸軍造兵廠にその在庫がない場合、兵器廠・航空本部の保管品を借入れて払い下げ、代わりに製造したものを兵器廠・航空本部に納入する制度である。この場合、払い下げ代金を特別会計の収入とし、その代品を納入するまでの間、運転資金として使用することができる。ちなみに、外国や献納兵器の注文品を、完成品の在庫がある兵器廠や航空本部から払い下げないのは、この両者からだと一般会計の収入になり、陸軍造兵廠の特別会計収入とならず、陸軍兵器の整備に支障をきたすためである。

［四　借入材料］

陸軍造兵廠は戦備材料として、兵器廠から兵器製作の際に必要となる原料、材料を代わりに保管しているが、一時的にこれを作業用に借入使用し、後日に現品または代品を返納する制度である。これは、借入兵器の原材料版といえるもので、こちらもその分だけ、原材料購入資金が一時的に不要となる。最終的には返納するものの、その間の資金負担が軽くなる効果がある。[217]

以上のように、陸軍造兵廠は、これらの手段を用いて不足する運転資金を補っていた。ただ、政府前受金の支払いは、早くても七月であり、そのうちの七割がなんと一二月から二月に集中していた。そのため、陸軍造兵廠が四月から作業をしたくとも資金不足であることから、作業開始時期にも影響を及ぼし、製造開始が翌年度に繰り越された。これが、納入の遅れる原因となっていたようである。[218]

217　石毛長蔵「陸軍造兵廠作業会計資金運用論」、皆川國生「陸軍造兵廠作業会計小論—満州事変前後における—」『商学論集』第59巻第4号

218　石毛長蔵「陸軍造兵廠作業会計資金運用論」

特徴③　決算

年度末になると決算が行われるが、特別会計の場合、四種類の決算があった。

［一　行政決算］

これは通常行われる決算である。一年間の作業経営の結果を総合記録した「歳入歳出決定計算書」を作成するもので、この他に五年度間の作業資本増減表、作業損益比較表を添付し、陸軍大臣宛に提出する。これがその後、大蔵大臣に送付され、最終的に帝国議会で報告される。

［二　証明決算］

これも通常の決算の一つであり、会計検査院に対して行うものである。計算証明規程等に基づき、「最終支出計算書」に「受払勘定表」や「固定資本価格増減表」等を添付し、会計検査院に提出する。[219]

［三　作業決算］

これは、作業会計（特別会計の一つ）が独自に行っている決算だ。作業の実績である収入支出、金銭物品の受払、債権債務の諸勘定を総合整理し、事業上の損益を確定することを目的とするもので、受払勘定表を作成して損益を計算する。[220]

［四　製造決算］

兵器の竣工後に、工廠が工場作業の実績から製造原価を計算し、さらに造兵廠本部が一般間接費を加算して生産原価を調製することを製造決算という。この製造決算から調製された生産原価を基に、兵器の価格が決定される。そして、製造品の予算は、陸軍部内注文の兵器の場合は定価、試作品に属するものは予価、またその価格が僅少なものは概価によって作成される。[221]

なお、定価は生産原価を基礎に、類似品の生産価格や従来の統計値、経験等に基づいて算出し、造兵廠長（組織変更後、兵器行政本部長）が決定して陸軍大臣の認可を受ける。

219　皆川國生「陸軍造兵廠作業会計小論―満州事変前後における―」『商学論集』第59巻第4号
220　陸軍経理学校「兵器経理教程（巻一）」靖國偕行文庫所蔵
221　石毛長蔵「陸軍造兵廠作業会計資金運用論」

予価は、定価に準じて算出するものの、定価として決定に至らないものである。概価は、類似品の価格や原価等を標準として調査したもので、作業課で決定した。その他、個人、在郷軍人会、青年訓練所や学校等からの注文に対する価格は、定価に加算率や特別収入を加算している。これでも注文があったのだから、火薬類など民間工場から購入するよりもかなり安かったのだろう。現に、火薬類、実包（実弾）、信管等を製造していた陸軍造兵廠火工廠は、コンスタントに利益を計上しており、上乗せ価格が功を奏していたようである。

また、損益は製品予算と製造実費との差額になる。このため、「完成品」と製造途中の「半途品（仕掛品）」の区分をどちらにするかで、損益が変わってくる。

簡単な例を挙げると、小銃を三五万円の製品予算で一万挺発注を受け、製造実費が三五・二円だったとした場合、損失が二〇〇〇円発生する。これに対して、完成しているにもかかわらず「半途品」とした場合、損失は全く発生しない。そして翌年度に価格を三五・三円に値上げしておけば、逆に利益が一〇〇〇円発生することになる。このように、決算日の在庫品中、完成品と半途品のどちらに分類するかによって、ある程度の範囲で利益を増減させたり、損失を減少させる利益操作が可能となる。[222]

現代ならアウト

今まで述べたように、特別会計は拡大解釈により固定資本を拡張し、不足する運転資本を前受金や借入兵器等を使用して満たし、そして決算時に完成品と仕掛品の区分を変更することにより利益操作を行う手段だった。こうした「カラクリ」を使った経営は、今の時代に行えば完全にアウトであるが、当時はこれによって何とか能率的に兵器生産を行おうとしていたといえよう。ただし、これはコンプライアンス違反の常習である。陸軍造兵廠で大きな不祥事が何度か発生しているのは、このような組織風土と無縁ではないだろう。

222　皆川國生「陸軍造兵廠作業会計小論―満州事変前後における―」『商学論集』第59巻第4号、陸軍経理学校「兵器経理教程（巻一）」靖國偕行文庫所蔵、石毛長蔵「陸軍造兵廠作業会計資金運用論」

主要兵器価格はおいくらか?

軍刀は一振り約二〇万円

前項で述べたように、兵器価格は生産原価を基礎に、類似品の生産価格や従来の統計値、経験等に基づいて定価を算出し、それを造兵廠長が決定して陸軍大臣が認可していた。この認可された定価について、陸軍造兵廠や陸軍兵器本部が「兵器価格表」や「兵器臨時価格表」を作成していた。これらの価格表は、甲、乙、（秘ノ部）甲、（秘ノ部）乙の計四種類に分かれていた。

甲には、刀剣類、歩騎銃類、拳銃類、擲弾筒類、機関銃類（口径二〇ミリ未満）、機関砲類（同二〇ミリ以上）、火砲類、車両類（弾薬車等）、観測兵器、弾薬箱類、高射用具（機関銃で使用する対空用機材）、眼鏡類、予備品類、起重機、三脚架、擬製品類（装塡訓練等に使用）、戦車・装甲車・牽引車・装軌車両類、航空武器（航空機用機関銃等）、鉄帽、その他の二〇品目が記載されていた。

乙には、実包類（実弾）、二〇ミリ級弾薬、弾丸類、薬莢、信管類、火薬類（各種火薬および爆薬）、火具類（導火索、雷管等）、航空弾薬実包類、（航空）二〇ミリ級弾薬、（航空）爆弾、航空弾薬用信管、航空弾薬用火薬、航空弾薬用火具の一三品目が記載されていた。

　このように見ていくと、甲が銃砲、車両、その他、乙が弾薬類といえる。それでは、通常の甲と乙に掲載されていた主要兵器の価格は、どのくらいだったのであろうか。

　すべて掲載されていた価格表が昭和一五年一〇月と昭和一六年一二月しかなかったため、この二種類をもとに図表30を作成している。なお、価格上昇率は昭和一四年度との比較で、現在価値換算は昭和一六年一二月の価格だ。また、基本的に〇〇式とあるのは制式化された年を表し、九七式であれば皇紀二五九七年（昭和一二年）である。ちなみに、皇紀二六〇〇年が昭和一五年だ。〇〇年式とは、明治〇〇年や大正〇〇年である一方、混在していて紛らわしいが、これに該当しない明治三八年の三八式歩兵銃のような事例も多く見受けられる。

　まず、鉄帽（鉄カブト）は、意外に高く、一個あたり四万八〇〇〇円（現在価値、以下、このパートのみ同）である。実戦の経験から、被弾した場合、小さめの物より大きめの物の方が助かりやすいことが分かり、皆が大を希望したため、一時品薄になったという。[223]

223　若松会編『陸軍経理部よもやま話』若松会

図表 30　主要兵器価格および価格上昇率一覧表

単位：円

項目	昭和 14 年度	昭和 15 年 10 月	昭和 16 年 12 月	現在価値換算	上昇率
鉄帽	8.55	8.7	9.6	48,000	10.94%
九五式軍刀（一般用）	32	32.5	40.5	202,500	20.99%
三八式歩兵銃	75.9	77	90	450,000	15.67%
三八式歩兵銃用実包 挿弾子、紙箱共（1 万発）	525	533	710	3,550,000	26.06%
九九式小銃 九九式普通実包 挿弾子、紙箱共（1 万発）	1,100	1,117	1,350	6,750,000	18.52%
十四年式拳銃	78	79.5	86	430,000	9.30%
十四年式拳銃実包 紙箱共（1 万発）	390	396	485	2,425,000	19.59%
十年式擲弾筒	97	97	97	485,000	0.00%
八九式重擲弾筒	217	220	244	1,220,000	11.07%
九二式重機関銃	2,140	2,175	2,410	12,050,000	11.20%
九二式重機関銃普通実包 保弾板、紙箱共（1 万発）	760	771	1,030	5,150,000	26.21%
十一年式軽機関銃	585	595	585	2,925,000	0.00%
九六式軽機関銃	900	1,015	1,125	5,625,000	20.00%
九九式軽機関銃（歩兵用）			1,350	6,750,000	
九七式自動砲（20 ミリ）	6,130	6,400	6,300	31,500,000	2.70%
九二式歩兵砲	6,500	7,330	8,120	40,600,000	19.95%
九七式曲射歩兵砲	2,000	2,660	2,660	13,300,000	24.81%
九四式軽迫撃砲	4,100	4,670	4,600	23,000,000	10.87%
九六式中迫撃砲	14,500	18,150	17,870	89,350,000	18.86%
九九式小迫撃砲			2,480	12,400,000	
九四式三七ミリ砲（速射砲）	8,400	10,130	11,230	56,150,000	25.20%
機動九〇式野砲	18,000	20,650	23,230	116,150,000	22.51%
九五式野砲	18,700	21,450	21,450	107,250,000	12.82%
四一式山砲砲車（歩兵用）	8,400	12,590	13,950	69,750,000	39.78%
九四式山砲砲車	11,700	12,180	13,500	67,500,000	13.33%
九四式三七ミリ戦車砲	3,600	4,570	5,060	25,300,000	28.85%
〃　九四式榴弾（1 発）	2.80	2.85	3.15	15,750	11.11%
〃　九四式徹甲弾（1 発）	4.35	4.45	4.90	24,500	11.22%
九七式五七ミリ戦車砲	4,200	4,770	4,700	23,500,000	10.64%
〃　九〇式榴弾（1 発）	7.0	7.1	7.9	39,500	11.39%
〃　九二式徹甲弾（1 発）	10.2	10.35	10.2	51,000	0.00%
試製四七ミリ戦車砲			6,530	32,650,000	
九六式一五センチ榴弾砲	43,500	55,650	61,650	308,250,000	29.44%
九六式一五センチ加農砲	245,000	282,800	318,150	1,590,750,000	22.99%
九二式一〇センチ加農砲	37,250	47,300	52,430	262,150,000	28.95%
九五式軽戦車（武器除く）	71,000	78,660	87,190	435,950,000	18.57%
九七式中戦車（武器除く）	126,000	143,500	165,400	827,000,000	23.82%

九五式軍刀は、一振り二〇万三〇〇〇円ほどである。工場で鍛造と油焼き入れにより製造した軍刀であるので、妥当な価格というべきだろうか。

三八式歩兵銃は、一挺四五万円となっている。小銃価格としては、かなり高めになるだろうか。昭和一四年度より価格が約一六％上昇しているのは、物価上昇がメインでそれに製造数量の減少が絡んでいるかもしれない。

九九式小銃は、昭和一四年度に制式化されているにもかかわらず、造兵廠での生産実績がないのか、定価が定められていない。別の史料を見ると、名古屋造兵廠の昭和一六年度の生産実績は、計画一五万挺に対して一〇万一五〇〇挺で、生産実績原価は一挺あたり六四万七〇〇〇円であった。九九式小銃は三八式歩兵銃の約一・四四倍である。[224]

三八式歩兵銃用実包の口径は六・五ミリ、九九式小銃の口径は七・七ミリであり、わずか一・二ミリの口径差しかない。それなのに、価格差はなんと二倍となっている。なぜこれほどの価格差になるのか、製造原価まで分かればそれが明らかになるのだが、史料がなく残念である。

ちなみに、弾薬まで考えて小銃の整備費用を考えると、三八式歩兵銃一に対し、九九式

224　皆川國生「戦時下の陸軍造兵廠—日米開戦前後を中心とする予備的考察—」『経済科学』第34巻第4号

小銃は一・八五であり、三八式歩兵銃装備の師団がほぼ倍近く編成できる計算となる。

また、意外なのが十四年式拳銃である。サイズとしては、十四年式拳銃よりも大きい三八式歩兵銃とほぼ同じ価格である。機構の複雑さや部品数、その素材からきているのだろうか。

擲弾筒は、手りゅう弾を二〇〇メートル程度飛ばすことが出来る、歩兵携帯用の小型迫撃砲のようなものである。アメリカ海兵隊の隊員のなかには、鹵《ろ》獲《かく》(接収の意)したこの擲弾筒を膝打の迫撃砲と誤解し、そのように使用して骨折者が出たという。どれだけ発射時の反動が強いか、窺い知れるだろう。

軽機関銃は、一挺あたり約三〇〇万円から七〇〇万円程度である。弾薬は、十一年式と九六式が六・五ミリ、九九式が七・七ミリを使用していた。価格は、小銃用実包と同じだ。九二式重機関銃は、一挺約一二〇〇万円で、口径が七・七ミリのため、九二式実包を使用した。

九七式自動砲は、二〇ミリの対戦車ライフルであり、一挺三一五〇万円である。当時の陸軍としては、破格の二〇ミリのせいか(陸軍の場合、二〇ミリ以上は砲に分類される。一方、海軍では機銃扱いである)、重機関銃の約三倍である。三八式歩兵銃だと、七〇挺も調達できる計算となる。

九二式歩兵砲は、一個大隊に二門配備されたため、大隊砲とも呼称される。口径七〇ミリで、射程が三キロ程度であった[225]。一門あたり四〇六〇万円であり、大砲に分類されるにもかかわらず、先ほどの九七式自動砲と極端な価格差がない。

九七式曲射歩兵砲から九九式小迫撃砲までは、迫撃砲である。迫撃砲は、構造が簡易で砲口から砲弾を装填して射撃する砲であり、射角が大きいため曲射弾道を描く。価格は、口径にだいたい比例しており、九七式曲射歩兵砲が口径八一・三ミリ（一三三〇万円）、九九式小迫撃砲が口径八一ミリ（一二四〇万円）、九四式軽迫撃砲が口径九〇・五ミリ（二三〇〇万円）、九六式中迫撃砲が口径一五〇・五ミリ（八九三五万円）である。

九四式三七ミリ砲（速射砲）は、日本陸軍の主力対戦車砲だった。しかし、口径が三七ミリのため装甲貫徹力におとり、米軍のM4シャーマン戦車やソ連軍のT34／72戦車には、ほとんど太刀打ちできなかった。価格は一門あたり五六一五万円である。

機動九〇式野砲と九五式野砲は、日本軍の主力野砲（一〇〇ミリ以下の加農《カノン》砲）であり、共に口径が七五ミリであった。価格はそれぞれ一億一六一五万円と一億七二五万円であり、

225　中西立太『日本の歩兵火器』大日本絵画

それほど差は生じていない。

また、四一式山砲と九四式山砲は、主力山砲（同口径の野砲や榴弾砲よりも軽量、小型で分解可能、砲身が短く低初速・短射程の砲）である。四一式山砲は歩兵連隊に四門程度配備されたため、連隊砲とも呼称される。[226] 価格はそれぞれ、六九七五万円と六七五〇万円であり、野砲の六割程となっている。大きさ的にも妥当な価格といえようか。

戦車砲は、九四式三七ミリ戦車砲、九七式五七ミリ戦車砲、試製四七ミリ戦車砲がある。九四式三七ミリ戦車砲は九五式軽戦車の主砲に、九七式五七ミリ戦車砲は九七式中戦車の主砲に、試製四七ミリ戦車砲（後の一式四七ミリ戦車砲）は、九七式中戦車と一式中戦車の主砲に用いられた。価格はそれぞれ、二五三〇万円、二三五〇万円、三二六五万円である。意外なことに、九六式中迫撃砲や山砲よりも価格が安い。口径差と、戦車砲だと砲身およびその発射機構が付属しているだけであるため、安くなっていると思われる。口径の小さい九四式三七ミリ戦車砲と試製四七ミリ戦車砲が九七式五七ミリ戦車砲より高いのは、砲身長の差（三七ミリと四七ミリが長砲身に対し五七ミリは短砲身）であろう。もっとも、弾薬価格は、口径の大きさに比例しており、三七ミリが徹甲弾一発につき二万四五〇〇円に対して、五七ミリが五万一〇〇〇円であった。

野戦重砲は、九六式一五センチ榴弾砲、九二式一〇センチ加農砲があり、いずれも日本陸軍の主力として用いられた重砲だ。九二式一〇センチ加農砲は、口径が野砲よりも大きいため、価格的にも二億円を超えている。九六式一五センチ加農砲は、価格も一五億九〇七五万円と突出している。

戦車は、九五式軽戦車と九七式中戦車である。いずれも日本陸軍の主力戦車であったが、装甲が薄く主砲の装甲貫徹力（九四式三七ミリ戦車砲および九七式五七ミリ戦車砲の場合）が低いため、米軍のM4シャーマン戦車やソ連軍のT34／72戦車には、ほとんど太刀打ちできなかった。価格はそれぞれ、四億三五九五万円と八億二七〇〇〇万円であり、装甲厚からみると概ね妥当な価格ではないか。

この他、十年式擲弾筒、十一年式軽機関銃は、昭和一四年と昭和一六年で全く価格が変動していない。他は、一〇％から四〇〇％の範囲で価格が上昇しているにもかかわらず、この二つだけは全くフラットである。理由が気になるものの、史料がないため不明だ。

また、兵器価格表（甲）には、弾薬箱類が掲載されている。これが意外に高価で、九二式重機関銃甲弾薬箱がなんと一個あたり三二万五〇〇〇円もした。一番高価なもので、九

226　中西立太『日本の歩兵火器』大日本絵画

四式山砲の空砲箱が一個あたり九七万五〇〇〇円。実弾用ではなく空砲用である。そして、最低でも十一年式軽機関銃の弾薬箱が七万円であった。弾薬箱の材質が木なのか金属なのか不明であるが、銃砲本体だけではなく、弾薬と弾薬箱を必要数整備するだけでもかなりの金額になったのではないだろうか。[227]

化学兵器は貧者の核兵器

それでは（秘ノ部）の甲と乙は、どのようなものであったのだろうか。

甲には、火砲類、観測兵器、装軌車両類の三品目が記載されていた。火砲類では、九八式臼砲の秘匿名称である、九六式「技四」甲型約二八一三万円、七年式三〇センチ長榴弾砲・砲床・移動砲床約一六億二二五三万円（移動砲床を除く）、七年式三〇センチ短榴弾砲・砲床・移動砲床約一七億二〇四五万円（同）が掲載されている。

七年式三〇センチ榴弾砲は、大正七年に制式化された口径三〇五ミリの要塞用重砲であり、移動砲床により野戦でも使用できた。陸軍で三〇センチメートルクラスの重砲は破格であるが、果たして大正七年に制式化された砲を秘にしておく必要があったのだろうか。

観測兵器では、九七式音源標定機約一億八五三〇万円、砲兵情報観測具約一三億七一〇〇

〇万円の二種類が記載されているが、全く聞きなれないものである。名称から用途は想像がつくものの、実物は一体どのようなものだったのだろうか。興味のあるところだ。

装軌車両（キャタピラを使用する車両）類は、九六式装甲作業機約一〇億二三七五万円、九四式甲号消車後車約八七二〇万円、九四式甲号撤車後車約七一四五万円、九七式延線車約一億九〇七〇万円の四種類が記載されている。[228]

九六式装甲作業機は、装甲化された工兵用車両で、付属装置を交換することにより、架橋や地雷処理、トーチカ攻撃等に使用できた。九四式甲号消車後車、九四式甲号撤車後車は、化学兵器の中和と散布用の車両である。九七式延線車は、九四式軽装甲車を改造したもので、通信部隊の電線を引くのに使用された。なぜ、特に秘密のなさそうな九七式延線車が（秘ノ部）に入れられたのか、筆者からすると疑問である。

227　陸軍兵器本部「兵器臨時価格表（甲）」（昭和一五年一〇月）ＪＡＣＡＲ［アジア歴史資料センター］、陸軍兵器本部「兵器臨時価格表（乙）」（昭和一五年一〇月）ＪＡＣＡＲ［アジア歴史資料センター］、陸軍兵器本部「兵器臨時価格表（甲）」（昭和一六年一二月）ＪＡＣＡＲ［アジア歴史資料センター］、陸軍兵器本部「兵器臨時価格表（乙）」（昭和一六年一二月）ＪＡＣＡＲ［アジア歴史資料センター］、日本兵器工業会編『陸戦兵器総覧』図書出版社

228　陸軍兵器本部「兵器臨時価格表（秘ノ部）（甲）」ＪＡＣＡＲ［アジア歴史資料センター］

（秘ノ部）の乙は、野戦・要塞弾薬として、弾丸類、薬莢、火薬類、毒物、火具の五品目、航空弾薬として、実包、一二・七ミリ級弾薬、弾丸類、薬莢類、信管、火薬、火具の七品目の合計一二品目が掲載されていた。（秘ノ部）の乙掲載品は、ほとんどが化学兵器であり、きい剤（マスタードガス、びらん剤）、あか剤（くしゃみガス）、みどり剤（催涙ガス）、あお剤（ホスゲンガス）、しろ剤（発煙剤）、ちゃ剤（シアンガス）が、各種砲弾や爆弾に充填されていた。

ちなみに毒物に掲載されている薬剤は一トンあたり、きい一号甲が約三万七〇〇〇円、あか一号が約六万五〇〇〇円、みどり一号が約四万八〇〇〇円、あお一号が約二万三〇〇〇円、しろ一号が約八〇〇〇円、ちゃ一号が約二万二〇〇〇円、毒物容器甲が約八八万二〇〇〇円である。[229] 現在価値で一トンあたりわずか八〇〇〇円から六万五〇〇〇円である。化学兵器が貧者の核兵器と言われる所以がよく分かる価格である。なお、中国戦線における日本陸軍の化学兵器運用実態に興味のある読者は、『日本軍の毒ガス兵器』（松野誠也、凱風社）をご覧頂きたい。

229 陸軍兵器本部「兵器臨時価格表（秘ノ部）（乙）」JACAR［アジア歴史資料センター］

［コラム5］加茂部隊の自動貨車調弁

加茂部隊とは、関東軍防疫部（当時。後に関東軍防疫給水部）の通称で、森村誠一氏の『悪魔の飽食』で悪名高き、あの関東軍第七三一部隊である。

加茂部隊の調弁に関する記録は二件だけ残っており、そのうちの一件が自動貨車（トラック）調弁に関する申請である。これは昭和一四年一二月二八日付で、フォード自動貨車を単価五八一〇円（約二九〇五万円）で二〇〇台調弁したいというものである。もともとの基準価格は、五四四〇円（約二七二〇万円）であり、七・三三％の価格上昇である。[230]

加茂部隊がフォード製のトラックを大量調弁する理由として、昭和一四年五月から九月のノモンハン事件で実戦の洗礼を浴びた際、国産トラックが戦場で全く役立たなかったことを挙げている。その出動にあたり、当初、国産とフォード製のトラックを混用したところ、フォードトラックはほとんど故障がなく給水所予定地の偵察や水の運搬が問題なく行えたのに対して、国産トラックはエンジン故障やスプリング折損が続出したため、道路事情の良い後方地域でしか使用できなかったという。

230　関東軍防疫部「基準価格超過契約ニ関スル件」JACAR［アジア歴史資料センター］

加茂部隊はフォードトラックについて、次のように絶賛し、国産品との違いを述べている。

水の運搬成績が良好であり、第一線部隊から好評を得ただけではなく、最前線の負傷者を無事後方に輸送できた。これは優秀な性能であることとの結果であり、道路等が全くない山や谷を縦横に疾駆できたことによる。これに対して国産品のトラックは道路上や平坦地の走行は比較的故障がないものの、山や谷を行動するには未だに充分な性能を有していない。[231]（傍点——引用者）

今でこそ日本車は一つのブランドとなっているが、当時はアメリカ車に性能面で全く太刀打ちができなかった。そのため、商工省が推進した標準車は、フォードやシボレーよりも大きな排気量（三五〇〇cc、積載量一～一・五トンを当時は大衆車と呼称していた。このクラスと競合しないよう、四三九〇cc、積載量一・五～二トンクラスと規定）でなければいけなかった。[232]

しかし、その車体の重さが仇となったのである。

昭和二年に満蒙一帯を自動車の運用の見地から偵察した二名の陸軍軍人は、「雨が降れば泥沼と化し、車輪は泥にくい込んで身動きがとれなくなる。陸軍は四トン自動貨車など重い車を使っているため満蒙の地形には不向きであり、そんな自動貨車に頼っていると大変なことになる」と結論づけていた。そして、「現地人が動かしているフォードや、シボレークラスは車体が軽いので泥にもくい込まず、比較的使いやすいことが分かり、有事に際して徴発するトラックは、フォードやシボレー級と同等の自動車にすべきである」との意見だった。[233]

その後、陸軍省や商工省が推進した大衆車工業確立政策である「自動車製造事業法」（昭和一一年五月公布）でフォード、シボレークラスのトラックを国産化したものの、日米の技術水準の差はノモンハンの戦場が冷厳に証明しているといえよう。

結局、加茂部隊の申請は、翌昭和一五年二月一〇日に承認されており、大量のフォードトラックを無事に入手出来たと思われる。これらのトラックは、その後一体何に使われたのであろうか。

---

231 関東軍防疫部「基準価格超過契約ニ関スル件」JACAR「アジア歴史資料センター」

232 呂寅満「戦時期日本における『大衆車』工業の形成と展開―トヨタ自動車工業を中心に―」『土地制度史学』第170号

233 日本自動車工業会『日本自動車工業史稿 第3』日本自動車工業会

［コラム6］酒と九五式軍刀と刃傷沙汰

「主要兵器価格はおいくらか？」で昭和一四年から昭和一六年の価格を見たが、下士官官給用（伍長〜曹長用に陸軍が支給すること）の九五式軍刀の定価は、一振りあたり昭和一九年で四二・五円（約二一万二五〇〇円）であった。[234] この九五式軍刀は、刀匠が鍛えた業物と異なり、いわゆる工場で大量生産された工業刀だ。

陸軍造兵廠製であり、刀身地鉄は造兵刀（陸軍造兵廠が直接又は監督製造した将校用刀身）と同じ刀剣鋼（炭素一・〇〜一・一％）であった。寸法、重量は造兵刀よりやや軽量、細身で圧延ロール及び機械ハンマー等により鍛造成型し、油焼入（温度八四〇度）と焼戻（五三〇度）処理をした後、主として乾燥研磨による機械仕上げを行っていた。[235] 鍛造成型による油焼入のため、通常の日本刀のような刃文はなく、あくまで実戦本位の武人の蛮用に耐えうる刀であることから、芸術性は皆無といえる。

軍人の不祥事記録を調べていくと、下士官が軍刀を用いて起こした刃傷沙汰が割と多いことに驚かされる。飲酒後に民間人とトラブルになり、切りつけているパターンがほとんどだ。

もともと日本では、宴会で完全に酩酊し、くだを巻いて酔いつぶれた者が何人出たかで盛大な宴会かどうか判断する風潮があり、酩酊者が喧嘩するのは日常茶飯事であった。

これは江戸時代でも同じで、他の村の村人を招待した宴会で喧嘩が起こると村の外聞が悪くなるという理由から、酒盛りに関する掟を作った村もあったほどである。[236]

このような酒を飲むと喧嘩が発生する文化は、戦時中の日本陸軍でも健在であった。現に、日本軍の捕虜となった米軍下士官も、日本陸軍では酒盛りが頻繁に行われ、その席で必ず喧嘩があったと述べている。[237]

ある下士官は、自動貨車（トラック）で飲みに行った帰り、自動貨車に座っている軍人達を見た民間人が「イモが積まれているようだ」と笑ったことに激高し、荷台から飛び降り、軍刀で切り付けている。

また、別のある下士官も、酒場で民間人と口論となり、軍刀で切り付けている。

意外なのは、いずれも被害者の怪我が全治四週間前後であり、特に命に別状はないことである。これは軍刀の切れ味うんぬんよりも、酩酊時に切り付けているため、切り付ける方の

234　陸軍兵器行政本部「兵器臨時価格表（甲）　兵政造密第六七一号」ＪＡＣＡＲ［アジア歴史資料センター］

235　尾藤敬逸技術少佐回想記「日本刀」

236　「千葉真由美の村人の歴史学」朝日新聞２０１７年７月15日付朝刊

237　一ノ瀬俊也『日本軍と日本兵　米軍報告書は語る』講談社現代新書

腰が定まっていないのと、相手も咄嗟に避けるからであろう。

しかし、なかには、剣道の有段者が軍刀を使った場合、切り付けるのではなく、最初から喉を狙って突き、死に至らしめている例がある。[238]確か、木枯し紋次郎も切り合うのではなく、突いていたように思う。刀を用いた実戦の場合、我々が時代劇から通常想像するような切り合いよりも、槍のように突く方が遥かに有効だったのかもしれない。

238　陸軍省副官「軍紀風紀等ニ関スル情報（第六号）」ＪＡＣＡＲ「アジア歴史資料センター」、陸軍省「軍紀風紀上等要注意事例集　昭和十八年陸密第二五五号　別冊第七～九号」ＪＡＣＡＲ「アジア歴史資料センター」

第五章　陸軍経理部の歴史

軍隊の要諦は組織と人事

二重の立場で権力を行使

ここでは陸軍経理部の沿革を見ていきたい。

わが国における陸軍経理部の特徴として、二元制が挙げられる。平時における経理部長は、軍司令官や師団長に隷属し、軍や師団の会計経理業務を行う一方で、会計事務の監督と土地・建造物の管理については、陸軍大臣に隷属して業務を行っていた。このため、軍司令官や師団長が知らない間に、隷下部隊の庁舎が建設されたり、演習場が整備されたりする事態が生起する可能性があった。このように、二重の立場で権限を行使していたのが最大の特徴であるといえよう[239]。

その他に、フランスの軍制をモデルとしたためか、衣食住にわたる供給・維持という会計経理の実行業務と、その会計事務の監督を一つの組織が担当していた点も特徴の一つであった。会社であれば、経理部と内部監査部門は別組織にしているのが普通であろう。

経理部の中央機構である陸軍省経理局の沿革を図表31に基づき見ていきたい。

ルーツは、明治四年七月に設置された兵部省《ひょうぶしょう》の第五局（会計担当）である。明治五年二月に兵部省に代わり、陸軍省と海軍省が新設されると、明治六年三月に監督部と軍吏部、会計事務を担当する第五局（会計局から改称）が陸軍省に設置された。第五局長は監督長（少将相当）であり、会計職員は指揮監督を行う監督部と、実務を担当する軍吏部に大きく分かれていた。

図表32に示すように、明治六年五月の陸軍武官官等表では、会計部内の監督課と司《し》契課《けいか》が監督部、糧食課他が軍吏部にあたり、階級の名称が異なることと、監督部と軍吏部で就ける階級に違いがあった。監督部では、監督長（少将相当）や監督（大佐相当）まで道が開けていたのに対し、軍吏部では軍吏正（少佐相当）止まりだった。

第五局は、九課に分かれており、糧食、被服、病院、俸給および省内経費といった実務を担当する第一課から第四課および第九課の課長は、軍吏正（少佐相当）が就いていた。そして、決算監査や法規等を担当する第五課から第八課の課長には二等副監督（少佐相当）を充てていた。[240]

239　若松会編『陸軍経理部よもやま話』若松会
240　柴田隆一・中村賢治『陸軍経理部』芙蓉書房、若松会編『陸軍経理部よもやま話』若松会

図表31　陸軍省経理局の沿革

年　月	出　来　事
明治4年7月	兵部省に第一局～第五局（会計）を置く。
5年2月	兵部省を廃止、陸軍省、海軍省を設置する。
6年3月	陸軍第五局（監督部、軍吏部、会計事務）の組織（第一課より第九課）及び定員を定める。
12年10月	第五局を会計局と改め、庶務課、計算課、糧食課、被服課の四課とする。
17年11月	会計局に出納課、服庫課、恩給課の三課及び検査部を増設する。
19年2月	工兵局より一般建築業務を会計局に移し、会計局を第一課（庶務）、第二課（糧食）、第三課（被服）、第四課（建築）とする。
23年3月	会計局を三課とし、第二課と第三課を統合し、第二課（糧秣、被服）とする。
24年7月	会計局を経理局と改める。
33年5月	経理局を主計課、被服課、糧秣課、建築課の四課編成とする。
36年4月	被服課と糧秣課を統合し、衣糧課とする。
大正13年12月	東京経理部廃止に伴い、経理局に監査課を設置する。
昭和11年7月	人事一元化施策により、主計課所管業務中、「経理部の人員及びその補充に関する事項」が削除される。
20年4月	監査課を主計課に統合する。
20年11月	陸軍省廃止。

出所）若松会編『陸軍経理部よもやま話』若松会。なお、引用者が一部修正。

明治一二年一〇月には、陸軍省の局名が、これまでの番号制から官房、総務局、砲兵局等に変更された。第五局は会計局となり、陸軍一切の会計事務の総轄および会計部、軍医部の人員調査を掌っていた。局内には、庶務課（庶務、恩給、病院）、計算課（計算、出納）、糧食課（糧食、調度）、被服課（被服、陣営具）の四課が置かれた。また、課長は庶務課、計算課が会計一（二）等副監督（中佐・少佐相当）、糧食課、被服課が会計二等副監督（少佐相当）となっている。ただ、経理組織が整ってきたものの、軍事以外の機能、例えば病院や監獄といったものもすべて経理が担当していたのが明治初期の特徴である（初期以外は、分離している）。

そして、明治一七年一一月には、会計局に出納課、服庫課、恩給課、検査部が増設されている。明治一九年二月になって、工兵局から一般建築業務が会計局に移管され、七課一部が四課に統合された。第一課は庶務、監督部、軍吏部人員に関する事項等、第二課は糧食の予算調査に関する事項等、第三課は被服給与に関する事項等、第四課は建築、陸軍用地、陣営具に関する事項等を担当した。さらに、明治二三年三月に、第二課（糧食）と第三課（被服）が統合され、三課体制となった。

明治二四年七月には会計局が経理局に改められる。そして、明治三三年五月に経理局に、

変遷一覧

明治6年5月8日 太政官布告第百五十四号 陸軍武官官等表

		兵科	会計部 監督課	会計部 司契課	会計部 糧食課他
一等	将官	大将			
二等		中将			
三等		少将	監督長		
四等	上長官又佐官	大佐	監督		
五等		中佐	一等副監督	一等司契	
六等		少佐	二等副監督	二等司契	軍吏正
七等	士官又尉官	大尉一等二等	監督補	司契副一等二等	軍吏一等二等
八等		中尉一等二等			軍吏副一等二等
九等		少尉			軍吏補
十等					
十一等	下士	曹長	一等書記	一等書記	一等書記
十二等		軍曹		二等書記	二等書記
十三等		伍長		三等書記	三等書記

明治12年10月10日 太政官達第三十九号 陸軍武官官等表

	会計部
将官	
	会計監督長
会計部上長官	会計監督長
	会計一等副監督
	会計二等副監督
会計部士官	会計監督補一等二等 会計軍吏一等二等
	会計軍吏副一等二等
	会計軍吏補
	会計一等書記一等二等
	会計二等書記一等二等
	会計三等書記一等二等 監獄一等二等

明治19年3月17日 勅令第四号 陸軍武官官等表

監督部		軍吏部	
将官			
	監督長		
監督部上長官	一等監督		
	二等監督		
	三等監督		
監督部士官	監督補	軍吏部士官	一等軍吏
			二等軍吏
			三等軍吏
		軍吏部下士	一等書記
			二等書記
			三等書記

図表32　階級呼称

明治35年1月31日　勅令第十一号　陸軍武官官等表

経理部	
経理部将官相当官	
	監督総監
	監督監
経理部上長官	一等監督
	二等監督
	三等監督
経理部士官	一等副監督 一等軍吏
	二等副監督 二等軍吏
	三等副監督 三等軍吏
経理部准士官	上等計手
経理部下士	一等計手 一等縫工長 一等靴工長
	二等計手 二等縫工長 二等靴工長
	三等計手 三等縫工長 三等靴工長

明治36年11月30日　勅令第百八十二号　陸軍武官官等表

経理部	
経理部将官相当官	
	主計総監
	主計監
経理部上長官	一等主計正
	二等主計正
	三等主計正
経理部士官	一等主計
	二等主計
	三等主計
経理部准士官	上等計手
経理部下士	一等計手 一等縫工長 一等靴工長
	二等計手 二等縫工長 二等靴工長
	三等計手 三等縫工長 三等靴工長

昭和12年2月13日　勅令第十二号　陸軍武官官等表

兵科		経理部	
将官	大将	経理部将官	
	中将		主計中将
	少将		主計少将
佐官	大佐	経理部佐官	主計大佐
	中佐		主計中佐
	少佐		主計少佐
尉官	大尉	経理部尉官	主計大尉
	中尉		主計中尉
	少尉		主計少尉
准士官	准尉	経理部准士官	主計准尉 縫工准尉 装工准尉
下士官	曹長	経理部下士	主計曹長 縫工曹長 装工曹長
	軍曹		主計軍曹 縫工軍曹 装工軍曹
	伍長		主計伍長 縫工伍長 装工伍長

主計課、被服課、糧秣課、建築課が配置される。明治三六年四月には再度組織変更があり、被服課と糧秣課を統合し、衣糧課としている。その後、大正一三年一二月に後述する陸軍東京経理部の廃止に伴い、陸軍全体の監査と陸軍経理部管轄外部隊の会計監督を担当する監査課が新設された。この時期に、陸軍省経理局の組織が完成したのである。[241]

異例の近衛監督部改正意見

ここで簡単に経理部将校の身分変遷を見たい。図表32にあるとおり、当初は、監督長（少将相当）を頂点として、「監督」と「司契（金銭の出納担当）」の系列、「軍吏（会計経理の実務担当）」の系列に分かれていた。その後、明治一九年には、職務に応じて監督部（指揮・監督）と軍吏部（実務担当）に明確に区分される。そして、明治三五年に経理部に一本化されたが、将校相当官の官名がその職務に対して適当ではないだけでなく、上下一貫していない弊害があった。そのため軍医部に倣って、翌年からは、主計総監以下、主計監、一〜三等主計正、一〜三等主計へと変更している。最終的に昭和一二年には、兵科（直接的な戦闘を担う区分）と同様の扱いとなり、主計中将以下、主計大佐、主計大尉というように、頭に主計が付くようになった。昭和一二年以前は、将校相当官という立場だったが、以降はれっきとした将校となったのである。

なお、経理局内のヒエラルキーは、経理局長（主計少将）、主計課長、監査課長、衣糧課長及び建築課長（主計大佐）がおり、各課では課の先任者である高級課員（主計中佐）の他に、班編成を取っている監査課では、班長（主計中佐、主計少佐）、班員（主計大尉、主計中尉、技師）、班編成を取っていない課だと、主任業務ごとに主計中佐、主計少佐、主計大尉、主計中尉及び技師がまとまっていた。[242]

次に経理部の地方機関を見ていこう（図表33）。前述したように陸軍も役所であるから全国に機関を張りめぐらせていたのである。中央機関が予算や陸軍全体の監査等を所掌し、司令塔として機能していたのに対して、地方機関はその手足となって、俸給等の支払業務、軍需品の調達と補給業務といった実務を担うことで、陸軍各部隊の機能を維持していた。

まず、明治六年に、近衛・鎮台の「陸軍会計部」が設置される（近衛と鎮台はともに御親兵の後継であるが、近衛は宮城警備と儀仗を任務とし、鎮台は当時常設された最大の部隊単位で地方防衛を担った）。陸軍会計部の組織は、監督課（巡回し経費の確認を行い、差異を

241　柴田隆一・中村賢治『陸軍経理部』芙蓉書房
242　陸軍省「陸軍省各局課業務分担表　昭和十六年」JACAR［アジア歴史資料センター］

図表33　陸軍経理部の地方機関

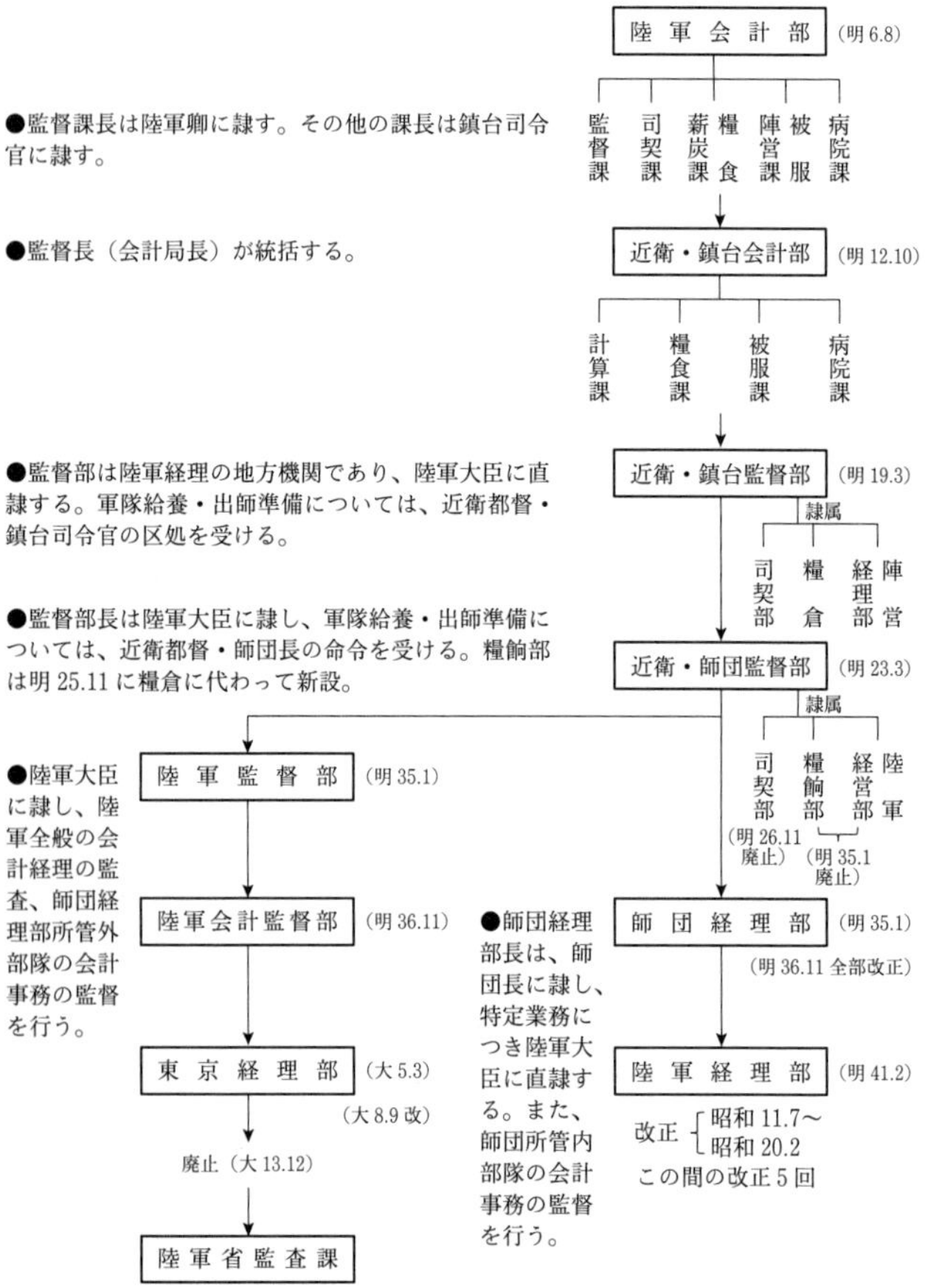

出所）若松会編『陸軍経理部よもやま話』若松会を引用者が一部変更

監視）、司契課（銀両を支給）、糧食薪炭課（糧食、薪炭の支給）、被服陣営課（被服、陣営具の支給）、病院課（病院業務を担当）であった。

ここでも、監督（会計業務を指揮し、金銭物品を監査）系統と、軍吏（計算、出納、点検、照会、物品の調理）系統が明確に分けられており、監督課長が一、二等副監督、司契課長は一等司契であるのに対し、糧食薪炭課長、被服陣営課長、病院課長は軍吏であった。また、監督課長は陸軍卿（陸軍大臣）の配下であり、陸軍卿もしくは第五局長からの命令を受けていたが、ほかの課長は鎮台司令官の指揮下であった。

明治一二年に陸軍会計部条例（陸達乙第七七号）が制定されると、会計部は、会計本部、近衛・鎮台会計部、官庁会計部（諸官庁：参謀本部、監軍本部、諸学校、教導団、裁判所、砲工兵方面、軍馬局、本病院、病馬廠等）、隊属会計部（部隊派遣要員を合わせたもの）の四つに区分された。そして、会計本部である陸軍省会計局が、他の三部を統括していた。

また、会計本部は陸軍卿に直隷し、監督長（少将相当）のもとで、陸軍会計一切の事務を指揮監査した。各会計部の要員はすべて会計本部から派出され、監督長の統轄を受けるものの、担当する事務に関しては近衛・鎮台の長官や、諸官庁の長官に属していた。

近衛・鎮台会計部は、部長、次長以下、計算課（計算出納）、糧食課（糧食、監獄）、被

服課（被服、陣営具）、病院課（病院会計事務）が置かれていた。部長は一・二等副監督、次長は二等副監督か監督補、各課長は軍吏であった。部長、次長が監督系統、各課は軍吏系統であることが分かる。

そして、明治一九年に陸軍会計部は廃止され、近衛・鎮台監督部とその下部組織として、司契部（金銭出納および決算を掌る）、糧倉（軍隊等で消費する糧秣の調弁と戦時用の糧食を貯蔵する）、陣営経理部（近衛・鎮台監督部に隷属し、実務を担当。陸軍所属の陣営調査、倉庫、地所を管理し建築修繕を担任し、営繕に係る経理を掌る〔砲兵工兵科に関するものは除く〕）が新設された。この制度改正により、会計部は名称が監督部に変更となっている。近衛鎮台監督部条例（陸達第一三号）では、監督部が管内の会計経理を監視し、軍隊の会計事務を監督することとされた。また、監督部は陸軍大臣に直隷するが、軍隊給養等の業務は近衛都督・鎮台司令官の区処（指示）を受ける。監督部には、計算課、糧食課、被服課、陣営課の四課が設置された。[243]

明治二三年に明治一九年の近衛鎮台監督部条例が廃止され、新たに近衛師団監督部条例（勅令第五六号。近衛師団と師団における監督部の職務内容〔陸軍司計部及び陸軍経営部を管理し、軍隊及び官衙の会計事務を監督・監視し、官金の収支計算を検査する〕と、組織編制、職員について規定）、陸軍司計部条例（勅令第五七号。陸軍司計部の職務内容〔陸軍経費の計算と報告を司る〕と、組織編制、職員について規定）および陸軍経営部条例（勅令第五九号。近衛師団と師団における経営部の職務内容〔陸軍の庁舎と倉庫、土地を管理し、建物の修繕を担任するとともに、営繕に関する経理を司る〕と組織編制、職員について規定）が制定されている。このようになったのは、明治二〇年に参謀本部が提出した近衛監督部改正意見が原因である。

近衛監督部改正意見は、次のような内容だった。

①　近衛司契部がなく中央司契部が近衛諸隊の金銭事務を所管しているため、出師（軍隊を出すこと）準備に支障が生ずる。出師準備の迅速化のため、近衛監督部にも司契部を置く必要がある（動員そのものは中央の参謀本部が近衛に対して命令するが、実際に部隊を動かすのは近衛であったため、中央を介さずに自前で契約と金銭の支払い手続きができるようにした）。

243　柴田隆一・中村賢治『陸軍経理部』芙蓉書房、若松会編『陸軍経理部よもやま話』若松会

②　現在の近衛監督部は、東京鎮台を除外した在京陸軍一般の会計事務も担当しているため、部長以下の階級が高く、しかも人員も多い。しかし、各鎮台は師団であるのに対し、近衛は混成の一個旅団である。このため、必要な会計官の階級は下げ、人員も他の師団監督部と同様で良い。近衛と各鎮台の監督部の組織を同一とし、近衛監督部の経費を削減すべきである。

③　現在、近衛監督部で所掌している各官衙等に対する会計経理の監視は、これを中央監督部である会計局長に移管すべきである。また、諸学校等に対する糧食調弁は、近衛監督部隷下の糧倉が担当するかどうかについて、条例に明文化されていない。糧秣の調弁は、被服の調弁と同様に会計局長が所管すれば、問題なくことが収まる。以上について改正すれば、今日の複雑さが解消される[244]。

軍令を担当する参謀本部が軍政上の経費についてまで意見する例は、非常に珍しいのではないかと思う。おそらく、この意見書には書かれていない、何か金銭的あるいは定員・階級に関するトラブルが裏であったのだろう。

この近衛監督部改正意見により、明治二三年の近衛師団監督部条例では、次のように変更されている。

①に関し明治一九年の近衛鎮台監督部条例において、監督部は軍隊給養については近衛都督・鎮台司令官の区処（指示）を受けるという表現だけだった。これが、監督部長は軍隊給養上および会計に関する出師準備の事項については、近衛都督・師団長の命令を受けるに変更され、出師準備上の障害を取り除いている。

また、③の後半についても、給養上の命令を近衛都督・師団長から受けるようになり、近衛および第一師団監督部の会計事務を監視する官衙の区域について、陸軍大臣が定めることになっている。そのため、諸学校等の給養事務もこの区域に基づき、近衛都督から命令を受けるようになったと考えられる。

②では、近衛監督部と師団監督部の部長と課長の階級が他の鎮台と同じになった。明治一九年の近衛鎮台監督部条例では、近衛監督部の部長が一等監督（大佐相当）、課長が三等監督（少佐相当）で、定員が三五名であった。これに対して、鎮台監督部は部長が一、二等監督（大佐か中佐相当）、課長が三等監督か監督補（少佐か大尉相当）で、定員が二七名だった。これが近衛師団監督条例では、近衛監督部、師団監督部のどちらも、部長が一、

244　参謀本部「近衛監督部改正意見」ＪＡＣＡＲ［アジア歴史資料センター］

二等監督（大佐か中佐相当）、課長が三等監督か監督補（少佐か大尉相当）となった。そして、定員は近衛監督部が定員一四名と軍吏部下士官若干名に対し、師団監督部が定員一一名に軍吏部下士官若干名となり、定員差も縮まっている。

③の前半部分に関しては、会計局長に移管されてはいない。しかし、先のとおり近衛および第一師団監督部の会計事務を監視する官衙の区域について、陸軍大臣が定めることになっており、改善を図っている[245]。

ただし、東京に設置された中央司契部は、近衛師団監督部ではなく陸軍省会計局に隷属し、会計局各課および近衛師団監督部の命令に従い、陸軍省や参謀本部、東京所在各部隊の金銭出納等を担当する変則編成となっていた。

その後、明治三五年に近衛師団監督部およびこれに隷属する経営部および糧餉《りようしよう》部を廃止し、師団経理部を設置した。さらにその監督機関として中央に陸軍監督部が置かれた。また、師団経理部への変更に伴い、監督部長を経理部長に改め、師団司令部内に入れることにより、師団の経理一切を管掌させた。従来の監督部は、師団司令部外の別組織として設置されていたため、どうしても軍隊との間に溝ができ、経理勤務の要諦である軍隊の金銭衣食住を満足させることが出来なかったのである。師団唯一の経理機関としたため、従来の監督部の職域に属していた師団外部隊、官衙学校の会計事務の監視は任務から除外している。

　また、経理部には、従来の監督部のように課を置かず、経営部や糧餉部を全て経理部に吸収合併している。これは、監督部時代、中間機関が多すぎたために、事務が遅延した教訓から、事務の迅速化を目的に組織改編を行った結果である。

　明治四一年には陸軍軍備の拡張にあたり、名称を師団経理部から陸軍経理部とし、条例の改正を行っている。これは、日露戦争後に台湾や朝鮮、関東州に軍隊を駐屯させるようになったことが原因である。それら駐屯軍にも経理部条例を適用させるため、師団経理部という限定名称では都合が悪いことから、陸軍経理部という包括名称に改めたのである。[246]

　そして、昭和一二年に陸軍経理部条例は陸軍経理部令に改められている。その後、新設

245　内閣「御署名原本・明治二十三年・勅令第五十六号・近衛師団監督部条例」ＪＡＣＡＲ「アジア歴史資料センター」

246　柴田隆一・中村賢治『陸軍経理部』芙蓉書房、若松会編『陸軍経理部よもやま話』若松会、陸軍省『概史　陸軍　第二巻　大正十五年四月』「第四篇　制度／第十四章　経理行政機関」ＪＡＣＡＲ「アジア歴史資料センター」

された航空軍や方面軍等に経理部が設置されるたびに改正が行われ、陸軍経理部に包含される組織が増大していった。

主計課と建築課の縄張り争い

次に監督機関の沿革を見ていこう。

陸軍では、鎮台、師団の監督部長が会計監督を実施していたが、明治三五年に経理制度が改正され、師団監督部を廃止のうえ師団経理部を設置して、これを師団司令部唯一の経理機関とした。結果、従来陸軍大臣の代わりとして監督部長の職務であった会計経理の監督は、師団隷下部隊を除き師団経理部長の職域外となった。そのため、中央に監督機関を設け陸軍経理部管轄外部隊に関する会計経理の監督を行う必要があり、明治三五年に陸軍監督部条例（勅令第一九号）により陸軍監督部を新設した。これが図表33の左側である。そして、翌明治三六年に至り、陸軍会計監督部条例（勅令第一九九号）により、陸軍会計監督部と改称している。

陸軍会計監督部条例では、陸軍全般の会計経理を監査し、陸軍経理部管轄外部隊の会計事務を監督すると規定された。また、会計監督部長は陸軍大臣の直属であり、陸軍大臣の命令により陸軍各部隊の実地検査を臨時に行うとされた。[247]

そして、大正五年になると、東京所在の第一師団経理部の過重な負担を軽減するため、その一部業務を分担した。また、近衛および第一師団で担任していた陸軍所属の土地建造物の経営事務を統一するために、別に一官衙が設けられることとなり、会計監督部の業務も担当させた方が良いとの判断から、陸軍東京経理部を設置すると共に、陸軍会計監督部が廃止された。

この際、陸軍省経理局主計課が、陸軍東京経理部条例（案）の中に、建築の調査研究機能を新たに加えようとした。六頁の図表1で示した補給機関では、担当する補給品について調査研究を行う組織が存在したため、おそらくそれを意識したのだろう。

この動きに対し、同じ経理局の建築課は、所掌を侵されるため猛反対している。その主張は、①建築の調査研究は建築課の当然の任務である、②東京経理部の予算だけでは、第一師管内の研究に限定され、北海道や台湾の建築研究が行えない、③各師団経理部に建築の研究を行わせる場合、東京経理部に委ねるよりも建築課が陸軍大臣名で行った方が良い、

247　陸軍省『概史　陸軍　第二巻　大正十五年四月』「第四篇　制度／第十四章　経理行政機関」JACAR［アジア歴史資料センター］

というものであった。縄張りを侵そうとすることに対する役人の当然の反応といえよう。

軍務局軍事課も建築課の①の主張に同意し、主計課案に反対している。しかし、建築課の組織防衛のための主観的な反応と異なり、非常に論理的な反対理由であった。軍事課の主張は、近衛・第一師団経理部に配属している建築主任を東京経理部に転勤させるだけなので、そのマンパワーの少なさから第一師管内の土地建造物の管理しか行えない。調査研究を行わせるのであれば、人員を増やすように編成を改める必要がある。その編成を改めないのにもかかわらず、建築の調査研究を条例に掲げるのは不適当である、というものであった。主計課は、予算を実質的に握っていた軍事課の反対を覆せなかったようで、陸軍東京経理部条例に、建築に関する調査研究の文言は入っていない。

なお、この条例では、①陸軍全般の経理の監査、②陸軍経理部管轄外部隊の会計事務の監督、③第一師管内の陸軍に所属する土地建物の維持管理が所掌事務と規定されている。[248]

その後、大正一三年一二月に至り、行政整理により陸軍東京経理部が廃止となった。陸軍東京経理部で担当していた監査業務と陸軍経理部管轄外部隊の会計事務の監督は、陸軍省経理局に新設された監査課に移管されている。また、第一師管内の陸軍に所属する土地建物の維持管理は、近衛および第一師団経理部に移管された。

大蔵省が作成した「陸軍省及陸軍部内行政整理要領」（大正一三年九月三日）では、陸軍各部の組織は、大部分が編制（天皇の命令、つまり勅令によって定められた国軍の永続性を持った組織形態）によって定められているため、文官官庁と比較して組織が過大になっていることから、整理の余地が相当あるとされていた。陸軍東京経理部については、廃止後に経理局に一課を設けて、そこが担当すると記述されている。[249]

以上のように、陸軍省経理局が予算や陸軍全体の監査等を所掌すると共に司令塔として機能していた。そして、経理部がその手足となって、実際に俸給等の支払業務や軍需品の調達と補給業務、その他隷下部隊の会計事務の監督や土地・建造物の管理といった実務を二元制により行い、陸軍の各部隊等を維持する役割を担っていたのである。

248　陸軍省軍事課「陸軍経理部条例中改正陸軍東京経理部条例制定陸軍会計監督部条例廃止ノ件」ＪＡＣＡＲ［アジア歴史資料センター］、内閣「陸軍経理部条例中ヲ改正シ陸軍東京経理部令ヲ定ム」ＪＡＣＡＲ［アジア歴史資料センター］、柴田隆一・中村賢治『陸軍経理部』芙蓉書房

249　大蔵省「陸軍省及陸軍部内行政整理要項」ＪＡＣＡＲ［アジア歴史資料センター］

養成はいかに行われたのか

三元補充制から主計候補生制度へ

陸軍の総兵力は、資料によって異なるものの、昭和一二年で約九五万名、昭和一六年で約二一一万名、昭和二〇年は約六四〇万名だった。昭和一二年と比べて、昭和一六年が二倍以上、昭和二〇年は六倍以上も急増している。これに対して、経理部将校の推定人数は、昭和一二年で約四三〇〇名、昭和一六年で約九〇〇〇名、昭和二〇年で約三万名である。昭和一二年の場合、兵力一万名あたり四五名の経理部将校で組織を支えていたことになる。昭和一六年の場合だと、一万名あたり四三名、昭和二〇年の場合は、一万名あたり四七名といった計算になる。[250] 急激に膨張する陸軍の衣食住を支えるため、経理部将校の養成も急ピッチで行われていた。

それでは、実際にどのような制度のもとで人材が養成されていたのか見てみよう。

明治三五年までは、兵科将校から経理部将校への転科が行われていた。まだ陸軍自体の組織が小さく、自前で養成しなくても転科で数的に足りていたことが理由のようである。

しかし、明治三六年の勅令第一九一号をもって、陸軍士官学校に準じた主計候補生制度が始まった。

当時は、各兵科からの転科、大学・高等商業出身者の採用、および下士官からの進級という、三元補充制になっていた。ただし、素質の統一に欠けることと、団結を阻害するといった問題点があった。そのため、三元補充制を廃止し、主計候補生による一元補充制となる。

兵科将校の移籍で制度が廃止に

主計候補生は、明治四〇年卒の第一期生から大正一一年卒の第一六期生まで九〇六名が巣立ち、経理部将校の主流となって、昭和期に高級・中級経理官として活躍した。主計候補生は、最終的に二九名が主計中将に、五三名が主計少将に昇任しており、約一〇%が将官まで進んでいる。しかし大正の軍縮期に、経理部が行き場のなくなった兵科将校の転科先となり一三三名が兵科から移った。そのため、独自の経理部将校養成は不要となり、こ

250　原剛・安岡昭男編『日本陸海軍事典』新人物往来社、若松会編『陸軍経理部よもやま話』若松会、東洋経済新報社編『昭和国勢総覧　下巻』東洋経済新報社

の主計候補生制度も大正九年に廃止された。結果、大正九年からは従来の三元補充制に戻っている。[251]

主計候補生は、中学卒業者、一年志願兵で隊長の保証がある者、経理部下士（下士官）で品行方正思想確実であり隊長の保証がある者に受験資格があった。試験に合格し、晴れて主計候補生として採用されると、歩兵連隊に配属の後、陸軍経理学校に入校し、約一年九ヵ月の教育を受けた。その後、原隊復帰して見習い主計として勤務したのち、選考を得て三等主計（後の主計少尉）として任官した。

主計候補生の経理学校における教育科目は、次のとおりであった。[252]

主要科目

一　編制、二　経理、三　作戦給養（基本）、四　簿記、五　会計学、六　外国語（英、独、仏、露、中の内）、七　訓育（服務、馬術、体操、剣術、操練）

補助科目

一　地形学、二　建築学、三　衛生学、四　法律学、五　経済学、六　統計学

大学出身の経理部将校

次は、大学出身者による経理部見習主計制度を見よう。大正一五年の勅令第二六〇号により陸軍補充令の一部改正がなされ、法学部、経済学部および商学部の学生に門戸が開かれた。見習主計として採用されると、歩兵連隊で二ヵ月の隊付教育、その後、師団経理部で経理部将校としてのＯＪＴ（オン・ザ・ジョブ・トレーニング）を受け、二等主計（後の主計中尉）に任官した。そして、陸軍経理学校で約八ヵ月の教育を受けている。この制度は、昭和二年の第一回採用から終戦まで存続している。昭和二年から九年までの採用者を乙種学生（八期まで）、一〇年以降を丙種学生（一五期まで）と呼称し、出身者は、合計八六九名である（なお、甲種学生は高級経理官養成課程であり、兵科の陸軍大学校に相当する）。

彼らは、大学出のため、陸軍の中では軍人らしからぬ、かなり浮いた存在だったようである。しかし、太平洋戦争期になると軍需品の生産力拡充と調弁価格の低下の観点から法律や経済の知識が必要となったことと、各省庁との連携から大学出身者の活躍の場が増え

251〜252　柴田隆一・中村賢治『陸軍経理部』芙蓉書房

ている。特に、各省庁との連携で見ると、同窓生が官僚となっているため、ガチガチの士官学校出身者よりも、遥かに意思疎通がスムーズにいったことだろう。

丙種学生の教育科目は次のとおりであった。

軍事諸学科

一　作戦給養（九〇回＝授業のコマ数、以下同）　師団以下の運用に伴う戦時陸軍経理勤務の原則、応用、兵站勤務、給養史の大要

二　経理

イ　一般経理（七〇回）　会計経理の基礎原理、金銭給与および官庁簿記について

ロ　被服経理（八〇回）　被服諸品の調達、管理、保全、補給、生産等について

ハ　糧秣経理（八〇回）　糧秣諸品の調達、管理、保全、補給、調理等について

ニ　営繕経理（四〇回）　土地建造物の調達、管理、建築法規の大要等について

ホ　兵器経理（四〇回）　兵器に関する経理、兵器製作材料、生産、取引等について

三　戦術（九〇回）　師団以下の戦闘、陣中勤務の原則とその応用について

四　軍事学（六〇回）　兵器、交通、築城、測図および航空学の大要について

五　軍制（五〇回）　軍制の要旨、経理に関する諸制度、動員の大要等について

六　軍陣衛生学（一〇回）　軍陣衛生の大要について

一般学科

建築学（四〇回）　建築構造、材料、衛生工学および設計仕様の大要について

訓育

一　精神訓話（二〇回）　品性の陶冶、軍人精神の涵養を図る。

二　服務提要（二〇回）　経理部士官として必要な事項を習得する。

三　術科（教練、剣術四〇回、馬術四〇回）　教練は各個教練、剣術は両手軍刀術の基本と試合、馬術は隊付きとして支障ない程度を習得する。

カリキュラムは以上であり、一回あたり五〇分、合計七八〇回（特別講義一〇回含む）の教育を受けた。次に紹介する下士官から進む丁（己）種学生と異なり、一般学科は建築学だけである。大卒であることから、法律学、財政・経済学、統計学および外国語学の教育は行われていない。[253]

253　柴田隆一・中村賢治『陸軍経理部』芙蓉書房

下士官には懇切丁寧な教育

次は、下士官からの進級を見よう。大正九年の勅令第二三九号により、各兵科准士官下士官および経理部准士官下士官からの試験合格者を普通科学生（大正一五年から丁種学生、昭和一八年から己種学生に名称を変更）として採用した。採用後は、陸軍経理学校で一年六カ月間教育し、三等主計（後の主計少尉）として任官した。この制度は、兵科で行われていた少尉候補者制度に該当する。

丁種学生の教育科目を見てみると、軍事諸学科と訓育については、丙種学生と同じカリキュラムであったが、全体に履修回数が多い。一回あたり五〇分、合計一二三〇回の教育を受けることとなっていた。また、准士官、下士官出身者で、基礎教養のレベルがまちまちであることから、次のような一般諸学科もカリキュラムに入っていたようである。

一般諸学科

一　法律学（一二〇回）　法学通論、民法および商法について

二　財政および経済学（七〇回）　経済原論、経済政策および財政学の大要について

三　統計学（二〇回）　経済と軍事諸統計の作成要領について

四　建築学（四〇回）　教育内容は丙種学生に同じ

五　外国語学（三〇回）　実用中国語について

准士官、下士官出身者が経理部将校に任官するにあたり、懇切丁寧な教育が行われていたといえよう。この普通科学生、丁種学生および己種学生による出身者は、大正一〇年から昭和一九年までに合計一七五三名である。[254]

満州事変後に必要不可欠となった法律と経済の素養

最後に、経理部士官候補生制度の復活にも触れておきたい。満州事変後の昭和八年は、兵科将校から経理部将校への転科もなくなった。そのため、大正九年に廃止された主計候補生制度が復活した。この背景には、第一章の「陸軍の予算要求と大蔵省の陸軍対策」に出てくる、軍務局軍事課が絡んでいる。陸軍省予算を統制する軍務局軍事課のカウンター

254　柴田隆一・中村賢治『陸軍経理部』芙蓉書房

パートは、経理局主計課である。この二課は、常に二人三脚で対大蔵省、対参謀本部で共闘していた。一緒に仕事をしていると、大学出である経理部見習主計出身者は、軍事的な素養の面で、主計候補生に今一歩劣っているように感じられていたようである。そのため、軍務局軍事課が主計候補生制度の復活に尽力している。

そして、昭和一〇年に勅令第三二五号により、士官学校に準じた経理部士官候補生制度が発足した。第一期が昭和一四年に卒業して以来、第七期までが敗戦前に卒業し、合計六六九名が巣立っている（在学中解散は第八期から第一〇期の五六二名）。

経理部士官候補生は、陸軍士官学校と同様に予科と本科に分かれていた。予科では二年間にわたり、修身、国語および漢文、外国語学、歴史、数学、物理および化学、地理、哲学概論、論理学、法学通論、経済原論、軍陣衛生学、図画、訓育（精神教育、教練、武技等）を合計二三九一回学んでいた。授業は、一回あたり五〇分か一時間一〇分である。その他、終日教練が三〇日あった。予科では、経理部士官候補生に必要な基礎の学術の習得を目的としていた。

本科の教育期間は、約一年八カ月である。こちらは、経理部士官に必要な学術の習得を目的としていた。

本科生徒の教育科目は、軍事諸学科については、丙種学生の「六　軍陣衛生学」が「六　戦史及び給養史」（六〇回・主として日本が参加した主要戦役の戦史と給養史の大要）に置き換わっている以外は同じカリキュラムであった。こちらも履修回数は丙種学生よりも多い。また、特筆すべきは次の教育科目である。

一般諸学科

一　憲法および行政法（九〇回）　憲法および行政法の基礎概念とその大要について
二　国際法（五〇回）　国際公法の大要、特に陸戦法規慣例の大要について
三　民法および民事訴訟法（一四〇回）　民法総則、物権・債権、民事訴訟法の大要について
四　商法（五〇回）　商法の大要について
五　財政学（四〇回）　財政学の大要について
六　経済政策（九〇回）　農業、工業、商業、交通、植民、社会政策の大要について
七　商業学（四〇回）　商業学の大要について
八　会計学および簿記（四〇回）　会計学および商業簿記の大要について

九　統計学（二〇回）　教育内容は丁種学生に同じ
一〇　建築学（七〇回）　〃
一一　外国語学（一〇〇回）　第一語学は英、独、仏、露、中国語から一つ選択し既習の知識を向上させる。第二語学は露、中国から一つとし、実用を旨とする

訓育

一　精神訓話（三二回）　教育内容は丙種学生に同じ
二　服務提要（二五回）　〃
三　教練（八〇回）　歩兵科小隊を指揮できる程度
四　武技（一五〇回）　体操、剣術、馬術。剣術は丙種学生に同じ
五　学科（六三回）　軍隊教育令、典礼範および馬学を行う
六　内務指導および検査（六〇回）　内務指導および検査の要領を習得し向上する

これらの教育を、一回あたり五〇分か一時間一〇分、合計二二七〇回にわたって受けることとなっていた。経理部見習主計制度および少尉候補者制度と比較して、教育内容が突出して充実していることが理解できよう。軍事諸学科に手厚いことはもちろん、他の養成

制度では教育していなかった国際法、民法および民事訴訟法、経済政策にかなりの回数を割いているのが特徴だ。満州事変後は、それだけ法律と経済の素養が必要不可欠となったのだろう。[255]

バラエティに富んだ経理部幹部候補生

日中戦争以降、急激に陸軍が膨張する。昭和一一年の一七個師団二九万人から昭和一二年の二四個師団九五万人、そして昭和一六年の五一個師団二〇一万人、最後は昭和二〇年の一七三個師団六四〇万人まで急拡大した。[256] この大増員に対しては、同様に経理部将校を増員する必要がある。従来の経理部見習主計制度、少尉候補者制度および経理部士官候補生制度だけでは、養成が追いつくはずもない。そこで経理部幹部候補生制度が発足する。これは、徴兵された現役兵が試験を受け、合格した者が幹部候補生となるものである。この幹部候補生も、乙種と甲種の二種類があった。どちらに合格するかで運命が分かれたといってよい。乙種は経理部下士官（主計伍長）となり、甲種が経理部将校（主計少尉）と

255　柴田隆一・中村賢治『陸軍経理部』芙蓉書房
256　東洋経済新報社編『昭和国勢総覧　下巻』東洋経済新報社

なった。

経理部幹部候補生試験を受験できたのは、大学、高等専門学校の法学部、経済学部、商学部等、高等商業学校の出身者だった。また、徴兵された者だったため、職歴が、官僚や大学助教授、幹部候補社員等でバラエティに富んでいた。さらに、年齢も二二歳から三三歳くらいまでの範囲だったという。

そして、昭和一二年度採用の経理部幹部候補生から、陸軍経理学校で正規の教育をするようになった。また、外地でも経理学校が設置され、新京、北京、南京、昭南（シンガポール）で経理部幹部候補生の養成が行われている。昭和一四年度以降の各部隊付の経理部将校は、幹部候補生出身者で占められるようになったという。最終的に約一万二〇〇〇名が主計少尉として巣立っている。

経理部幹部候補生は、直ちに戦時における初級士官として勤務できるようにするため、必要な学科を教育するのを目的としており、経理学校における教育期間は、約八カ月という短期間であった。これも戦況の悪化から、さらに短縮されたのではないかと思われる。

経理部幹部候補生における教育の一例は次のとおりである。

「作戦給養」（八五回・概ね丙種学生と同程度の水準だったようである。以下同）、「一般および金銭経理」（八〇回）、「被服経理」（三五回）、「糧秣経理」（四五回）、「営繕経理」（一五回）、「兵器経理」（二〇回）、「一般戦術」（五〇回）、「軍制学」（二〇回）、「軍事学」（三〇回）、「経理実習」（八〇回）、「炊事実習」（三日）、「給養器具演練」（二日）、「精神訓話」（二〇回）、「服務提要」（一〇回）、「教練」（五〇回）、「体操」（一五回）、「終日教練」（七日）、「剣術」（二五回）、「内務教育」（八日）、「野外戦術作業」（六日）、見学（二日）

同じ大卒の丙種学生と比較して、期間的に同程度にもかかわらず、回数が圧縮されているのが分かる。作戦給養と一般および金銭経理は同程度だが、糧秣経理が半分よりやや多く、被服経理、営繕経理および兵器経理は半分以下である。その代わり、丙種学生にない経理実習が八〇回実施されている。大隊付主計での実務を念頭に置き、野戦の給養から種々の状況、動員から復員までの事務や計算、記帳を実習していた。そして、学科と実習をバランスよく組み合わせ、教育を行っていた。ただし、短期間の詰め込み教育であり、かつ大量採用のため、個々の理解度に合わせたきめの細かい教育を行うことはできなかった。この短期間で大量に養成された経理部幹部候補生が、太平洋戦争における現場の主力、大隊付主計として活躍したのである。[257]

その他、紹介できなかった養成制度も何件か存在している。明治以来、経理学校で教育を受けた経理部将校は、総数で約二万名である。このあたりについてさらに詳しく知りたい読者は、柴田隆一・中村賢治『陸軍経理部』の二三一頁から三五八頁をご覧いただきたい。

257　柴田隆一・中村賢治『陸軍経理部』芙蓉書房

第六章　陸軍にもあった経理上の不正

日中戦争勃発で急増した非違行為

下級者の占める割合が約四〇%

昭和一二年七月七日に日中戦争が勃発すると、陸軍予算は昭和一一年度が五億一〇七一万九〇〇〇円だったものが、昭和一二年度は二〇億二一〇一万九〇〇〇円（昭和一一年度比で三・九六倍）に、そして昭和一六年度には九二億九二〇九万円（同一八・一九倍）となり、さらに昭和一九年度には四九四億円（同九六・七三倍）までに大膨張している。[258] 通常、これだけ多額の金銭が動けば、多少なりとも経理上の不正（経理に関する非違行為）が発生するものである。

経理上の不正の発生件数は、図表34に示すとおりであり、昭和一三年度から激増していることがわかる。そして、昭和一二年度の発生件数が例年よりも減少しているのは、日中戦争が勃発して、経理業務が繁忙となり、摘発が困難になったことと、報告が遅延したためである。軍需動員が落ち着いた昭和一三年度以降は、日中戦争前に比較して数倍となる状況であり、被害額も昭和一二年度の二万八四七六円（約一億四二〇〇万円）から昭和一三年度には三五万九五円（約一七億五〇〇〇万円）に激増し、昭和一五年度（昭和一六年一月迄）には五一万八四八二円（約二五億九〇〇〇万円）になった。大本営陸軍部をして、「かなり不安になる状況を呈しつつある」と評さしめるほどであった。[259] 昭和一六年四月二四日から二六日まで陸軍省で開催された会計監督及調弁会議においても、陸軍省経理局監査課長が経理不正に関し、「未だになくなることがなく、むしろ増加の傾向にあり、寒心に堪えざる状況」と述べている。[260]

図表35に示すとおり、部隊別発生件数は、陸軍造兵廠や糧秣廠といった官衙が圧倒的に多く六九・三％で、次いで軍隊の二七・八％となっている。なお、内地官衙の下級者が経理上の非違行為に占める割合は、全体の四二・七％であった。また、図表36に示すとおり、罪種別では収賄が四九・三％と半数を占め、次いで横領が二五・五％だ。これらに関し、

258　東洋経済新報社編『昭和国勢総覧　下巻』東洋経済新報社、大蔵省昭和財政史編集室編『昭和財政史　第四巻　臨時軍事費』東洋経済新報社

259　大本営陸軍部研究班「無形戦力軍紀風紀関係資料第四号　支那事変ニ於ケル経理上ノ非違行為ニ就テ」JACAR［アジア歴史資料センター］

260　陸軍省「会計監督及調弁会議ニ於ケル監査課長講演要旨」陸軍省、成蹊大学図書館所蔵、黒澤文庫

図表34　経理上の非違行為発生状況一覧

階級別＼年度別	10年度	11年度	12年度	13年度	14年度	15年度（16年1月迄）	計	%
将校	6	5	2	17	12	14	56	8・5%
准士官		4		11	6	2	23	3・5%
下士官	24	15	9	32	41	34	155	23・6%
兵	4	1	7	17	9	14	52	7・9%
属	1	1	1	3	4	8	18	2・7%
技師技手		4		6	3	23	36	5・5%
嘱託雇傭人	12	15	12	107	64	108	318	48・3%
合計	47	45	31	193	139	203	658	100%
備考	本調査は昭和16年1月までに報告のあったもので作成しており、軍法会議の判決が未定のものも含んでいる。							

出所）大本営陸軍部研究班「無形戦力軍紀風紀関係資料第四号　支那事変ニ於ケル経理上ノ非違行為ニ就テ」JACAR［アジア歴史資料センター］、陸軍省「会計監督及調弁会議ニ於ケル監査課長講演要旨」陸軍省、成蹊大学図書館所蔵、黒澤文庫に基づき引用者が修正。

図表35　経理上の非違行為発生部隊一覧

年度別＼部隊別	官衙	軍隊	学校	合計
10年度	17	30		47
11年度	30	12	3	45
12年度	13	18		31
13年度	154	39		193
14年度	77	52	10	139
15年度（16年1月迄）	165	32	6	203
計	456	183	19	658
%	69・3%	27・8%	2・9%	100%

出所）大本営陸軍部研究班「無形戦力軍紀風紀関係資料第四号　支那事変ニ於ケル経理上ノ非違行為ニ就テ」JACAR［アジア歴史資料センター］、陸軍省「会計監督及調弁会議ニ於ケル監査課長講演要旨」陸軍省、成蹊大学図書館所蔵、黒澤文庫に基づき引用者が修正。

陸軍省経理局監査課長は経理事故の傾向としては、「依然内地の官衙とくに補給官衙における下級者の収賄行為が最も多い」と評しており、「従来と傾向が同じである」としている。[261] また、この件に関しては、大本営陸軍部においても、「収賄が著しく増加したのは戦

261　陸軍省「会計監督及調弁会議ニ於ケル監査課長講演要旨」陸軍省、成蹊大学図書館所蔵、黒澤文庫

図表36　経理上の非違行為罪種別一覧

年度別＼罪種別	収賄	横領	詐欺	窃盗	合計
10年度	22	18	5	11	56
11年度	25	11	13	8	57
12年度	1	16	2	13	32
13年度	196	83	44	36	359
14年度	75	52	27	19	173
15年度（16年1月迄）	134	54	21	32	241
計	453	234	112	119	918
%	49・3%	25・5%	12・2%	13・0%	100%

出所）大本営陸軍部研究班「無形戦力軍紀風紀関係資料第四号　支那事変ニ於ケル経理上ノ非違行為ニ就テ」JACAR［アジア歴史資料センター］、陸軍省「会計監督及調弁会議ニ於ケル監査課長講演要旨」陸軍省、成蹊大学図書館所蔵、黒澤文庫に基づき引用者が修正。

時経理業務が著しく増加したにもかかわらず要員不足とその素質の低下、そして監督指導が十分に行われていない証拠と言うべき」と原因を分析している。[262]

なお、図表34および図表35の数字と図表36の数字が合致しないのは、一人で複数の罪を犯している者がいるためである。また、これらの数字と被害額は、あくまで明るみに出た犯罪で、軍法会議まで開かれたものの集計だ。本来なら、軍法会議で処置すべき事案を、懲罰で糊塗して隠蔽を図ったものは含まれていない。そこまで考慮した場合、かなりの件数と被害額になると思われる点に注意が必要である。

懲罰とは、陸軍懲罰令に基づくものであり、現在の公務員に対する懲戒処分に相当する。ただし、現在と異なるのは、懲罰を先に行った場合、おなじ行状で軍法会議にかけられない、片罰規定であった点である。

この懲罰は、将校、下士官、兵によって処遇に差があり、将校の場合は重い順から重謹慎、軽謹慎、譴責であり、下士官は免官が一番重く、それ以外は将校と同じであった。兵の場合は、降等、重営倉、軽営倉となっており、将校や下士官よりも懲罰が重くなっている。懲罰の内容を見ると、重謹慎と軽謹慎はともに一日以上三〇日以内で居宅あるいは営内の一室に謹慎するもので、両者の違いは懲罰期間中の減給額だ。重謹慎は俸給の一〇分の五、軽謹慎は一〇分の二が減じられた。譴責は、犯行を糾し注意を与えて慎ませるもので、現在の戒告処分に該当すると思われる。免官は免職ではなく一等兵に降格、降等は一

262　大本営陸軍部研究班「無形戦力軍紀風紀関係資料第四号　支那事変ニ於ケル経理上ノ非違行為ニ就テ」ＪＡＣＡＲ［アジア歴史資料センター］

階級を降格するものである。重営倉と軽営倉はともに一日以上三〇日以内で、営倉に拘禁されるのは同じであるが、その処遇に差があった。重営倉の場合、寝具がなく、食事も飯と塩とお湯だけである。ただし、三日に一日は寝具と通常の食事が支給された。また、懲罰期間中の減給額は、重営倉の場合だと営内居住者は一〇分の八、営外居住者は一〇分の五であり、軽営倉の場合だと前者が一〇分の五、後者が一〇分の二であった。[263]

四類型とその実態

経理上の不正については、先ほどの図表36に示すとおり、収賄罪、横領罪、詐欺罪、窃盗罪の四つが基本的に該当する。これらについて、代表的な実例をピックアップし、それぞれの犯罪の実態を見ていきたい。なお、図表36は昭和一五年度までの統計であるが、実例は昭和一六年度以降に発生した分も含んでいる。

収賄罪

収賄罪は、収受した賄賂は没収されるが、全部または一部を消費して没収できない場合は、その金額を追徴される。刑は、単純収賄罪が三年以下の懲役、請託を受けての収賄は五年以下の懲役、収賄により不正の行為又は不作為の場合は一年以上一〇年以下の懲役となる。[264]

実例としては、「軍紀風紀上等要注意事例集」（陸密第二五五号別冊第七号、昭和一九年六月印刷）に記述されている、小倉陸軍造兵廠で発生した汚職事件がある。これは、廠長以下四名の高級将校等が、昭和一二年六月から昭和一八年九月までの間、下請会社や工場関係者からの要請により、官有兵器資材八一万一四〇〇円相当（約四〇億六〇〇〇万円）を部下に命じて無償交付し、多額の接待を受けた。その他、小倉造兵廠より小銃部品等の加工を請け負った下請会社が、設備不足、技術不足等のため一部の納入が遅延し、契約金の回収が遅れることにより資金不足に陥りそうになった。そのため、下請会社からの請託を受け、部下に命じて完納したように装った公文書を偽造し、契約金を全額支払っている。また、四名のうちC技手は、関係会社工場社員一一名より一六〇〇余円（約八〇〇〇万円）の賄賂を収受し、自己の業務上保管している官有資材三〇〇〇円相当（約一五〇〇万円）を横領のうえ関係会社工場に交付し、さらに官有資材五〇〇円相当（約二五万円）を自宅に隠匿

263　陸軍省「陸軍懲罰令」『現行 兵事法令集4　雑之部』JACAR［アジア歴史資料センター］
264　関東軍法務部「戦地犯罪予防史料　昭和十六年七月」JACAR［アジア歴史資料センター］

した。

これらの四名に対しては、廠長は急死したことから不処分であったと思われる。他の三名はそれぞれ軍法会議により、A大佐が懲役六ヵ月（追徴金三一二円〔約一六〇万円〕）、B少佐が懲役二年（同六五三二円〔約三二七〇万円〕）、C技手が懲役一年（同七三三円〔約三七〇万円〕）であった。[265] なお、陸軍軍人の犯罪は、陸軍軍法会議法第一条で、「軍法会議は左に記載したる者に対しその犯罪に付裁判権を有す」（傍点―引用者）と規定するとおり、陸軍刑法だけではなく、その犯罪に該当する刑法、その他の刑罰法規により裁かれていた。[266]

横領罪

横領罪は、刑法第二五二条から第二五四条に規定されており、単純横領罪、業務上横領罪および占有離脱物横領罪の三種類がある。経理上の不正に該当するのは、主として業務上横領罪になると考えられる。刑は、業務上横領の場合、一〇年以下の懲役となる。[267]
実例としては、「経理上の非違行為発生の件報告（通牒）」（方軍経監第七七号、昭和一六年二月五日）だ。この件は、北支那方面軍司令部出納官（官金、共有金、国防献金、特別工作費等公金の保管出納業務担当）として勤務していた現役D主計准尉が起こした横領事件である。事の発端は、北京在住の人夫供給業Eおよび無職F女が、連銀券（中国連合準備銀行券：中華民国臨時政府発行紙幣）と満銀券（満州中央銀行券：満州国発行紙幣）との両替による差益を得るため、満銀券買入資金としてD主計准尉が業務上保管していた公金に目をつけ、その流用をD主計准尉に働きかけたものである。それをD主計准尉は受諾し（F女が絡んでいるので美人局《つつもたせ》、いわゆるハニートラップを仕掛けた可能性が考えられる）、昭和一五年八月から一一月の間、特別工作費等から総額三九万五〇〇〇円（約一九億八〇〇〇万円）を横領した。そして、その都度EおよびF女に貸与し、両替差益の一部である一万二〇〇〇円（約六〇〇〇万円）を謝礼として受け取ったものである。この件が発覚したのは、憲兵隊が北京市内で経済攪乱行為が行われるとの情報を察知し、捜査していたとこ

265　陸軍省「軍紀風紀上等要注意事例集　昭和十八年陸密第二五五号　別冊第七〜九号」ＪＡＣＡＲ［アジア歴史資料センター］

266　内閣「陸軍軍法会議法○朝鮮軍軍法会議ニ関スル法律○台湾軍軍法会議ニ関スル法律○関東軍軍法会議ニ関スル法律」ＪＡＣＡＲ［アジア歴史資料センター］

267　関東軍法務部「戦地犯罪予防史料　昭和十六年七月」ＪＡＣＡＲ［アジア歴史資料センター］

ろ、昭和一五年一一月一二日夜に、連銀券一〇万五〇〇〇円（約五億二五〇〇万円）を所持していたF女を検挙したことがきっかけだった。資金の出所等について取り調べた結果、D主計准尉が公金を横領し、それをF女に貸与していたことが判明したのである。

D主計准尉に対する処分は、軍法会議において懲役二年の判決が下された。また、D主計准尉の犯行が計画的であり、かつ犯罪継続の意思に基づき実施していることから、関係上司の部下過信ならびに監督不行届に起因するものと認め、高級経理官G主計大尉を重謹慎三日、高級副官H大佐を軽謹慎一日とする懲罰に処している。[268]

詐欺罪

詐欺罪は刑法第二四六条に規定されている。刑は、一〇年以下の懲役となる。

なお、詐欺罪や横領罪に関連する犯罪として文書偽造の罪がある。これは刑法第一五四条から第一六一条に規定しており、主として公文書偽造および変造、同行使が、詐欺罪や横領罪とセットで適用される場合が多い。公文書偽造、変造、同行使罪は一年以上一〇年以下の懲役となっており、軍隊で多く見られた事例は「貯金払戻金受領証の偽造、同行使、その他金銭業務を掌る者の金銭出納に関する諸帳簿の偽造、虚偽記載、同行使」であった。[269]

実例としては、「軍紀風紀等に関する情報（第六号）」（陸密第三八三三号、昭和一七年一二月一九日）に記述がある。軍属四名が某被服支廠出張所倉庫掛兼運搬係として勤務中、業務上関係のある民間人と結託して、四回にわたって軍需下請工場に対する軍用被服材料の払出行為を装うことを計画した。戦用品を保管しているI主計中尉名義の庫出証を偽造のうえ、輸送班長に提示し、二ヵ月間で軍用服地四二九反（原価五四四五円〔約二七二〇万円〕）を騙し取り、民間に流通させて不当利得を得ている。

もう一件の事例は、軍属Jが出納分任官助手として徴用工員関係の金銭給与業務に従事中、出納分任官が業務多忙により厳密なチェックができないことを契機とし、昭和一七年五月から同年七月までの間、架空工員名義による給料や家族手当等の支払証書を偽造した。そして、この偽造証書を出納分任官に提示して、公金五四二八円（約二七一〇万円）を騙し取り、娼妓を身請けする等、遊興費として費消したものである。[270]

これらの実例は処分の結果が記載されていないが、五名はいずれも軍法会議で詐欺、公

268　北支那方面軍司令官「経理上非違行為ニ関スル件報告」JACAR［アジア歴史資料センター］
269　関東軍法務部「戦地犯罪予防史料　昭和十六年七月」JACAR［アジア歴史資料センター］
270　陸軍省副官「軍紀風紀等ニ関スル情報（第六号）」JACAR［アジア歴史資料センター］

文書偽造および同行使により実刑を受けたと考えられる。また、関係者も陸軍懲罰令により、相当の処分を受けただろう。

窃盗罪

窃盗罪は刑法第二三五条に規定されている。刑は一〇年以下の懲役となる。[271]

実例としては、「経理上非違行為に関する件報告」（方軍経主第一三九五号、昭和一六年一二月三〇日）がある。山西省潞安《ろあん》の北支那野戦貨物廠太原支廠潞安出張所に勤務していたK一等兵他六名がおこした窃盗事件だ。K一等兵（補充兵役）は、昭和一五年二月に応召入隊し、同月より潞安出張所構内の引込線卸下現場（荷下ろし用に本線から分岐して潞安出張所に引き込まれた専用の線路）に勤務となったが、昭和一五年一二月下旬から昭和一六年七月上旬までの間、前後三〇回にわたって現場から精米二一三叺《かます》（藁むしろの袋）、倉庫より砂糖三袋、麺粉八袋、味の素（中缶）五缶を窃取し、その都度他の六名（主計軍曹一名、上等兵一名、一等兵二名、軍属一名、元軍属一名）に贈与又は売却し、代金約六〇〇円（約三〇〇万円）を全て遊興費として費消した。他の六名は、K一等兵が窃取したものと知りながら、精米を部外に転売し、一叺あたり八・六円から二二・六円の利益を得ていた。

本件が発覚したのは、昭和一六年七月上旬に、潞安特務機関長から師団経理部長に対し、近頃軍用米を売却している軍属や兵がいると巷で噂になっているとの内密情報があったことが端緒だった。師団経理部長が師団高級副官と協議のうえ、直ちに潞安憲兵隊長に通報した結果、潞安憲兵隊の捜査によりＫ一等兵他の検挙に至った。

Ｋ一等兵に対する処分は懲役二年であり、他の六名中一名は懲役二年、四名はそれぞれ一年もしくは一年六ヵ月の懲役に罰金が二〇円から二〇〇円、一名は懲役八ヵ月（執行猶予三年）罰金五〇円の判決であった。また、責任者に対する処分は、Ｌ主計中尉およびＭ主計少尉がそれぞれ重謹慎三日と加罰重謹慎三日、Ｎ主計軍曹が軽謹慎二日、他に師団経理部長等が譴責あるいは軽謹慎二日や四日となっている。[272]

271　関東軍法務部「戦地犯罪予防史料　昭和十六年七月」ＪＡＣＡＲ［アジア歴史資料センター］

272　北支那方面軍司令官「経理上非違行為ニ関スル件報告」ＪＡＣＡＲ［アジア歴史資料センター］

［コラム7］横領の原因は古今東西変わらない？

陸軍会計事務規定第九〇条では、「会計規則第一三四条の規定により会計検査院又は受託検査官の判決前において出納官吏に弁償を命ずるを要すと認めたるときは長官より順序を経て直に陸軍大臣に上申すべし」と規定していた。そのため、横領を行った出納官吏は、軍法会議により懲役刑に服するとともに、横領金額について弁償義務が生ずることになる。[273]

例えば、第九師団通信隊の出納官吏だったO一等計手（昭和一二年以降は主計曹長と呼称）は、哈爾濱《ハルビン》の寿楼の芸妓に入れあげ深い仲となったが、遊興費に困窮したため、金庫に保管していた官金を横領した。

通信隊長が月一回の定例金庫検査（毎月一回部隊長は金庫を検査するよう規定されていた。これは現代の自衛隊でも同様である）を行ったところ、小切手の金額と現金保管額について不審な点があったため、翌日に再検査することにした。

そのため、その処置に窮したO一等計手は、昭和一一年一二月二日に芸妓とともに逃亡し、同月一三日に宮崎県延岡警察署に自首した。被害額は二一〇四円（約一〇五〇万円）であり、本人の私物売却見積価格が約二五〇円であることから、弁償金額は一八五四円（約九三〇万円）だった。軍では家族の資産状況も詳細に調査したうえで（委託を受けた憲兵隊が調査したのではないかと考えられる）、家族が弁償する資力がないことから、本人の資力回復後に弁償させることとした。[274]

他に、第九師団第二兵站司令部（山西省大同県）の複分任官（中隊の金銭・給料支払担当者）をしていたＰ主計曹長は、深い仲となっていたカフェーの女給Ｑ女（三二歳）に対し、カフェーの独立開業資金の提供を約束していた（ちなみに、当時のカフェーは、喫茶店ではなく風俗店である）。

Ｐ主計曹長は、友人から資金援助をしてもらう予定で、Ｑ女も開業準備に取り掛かっていた。ところが、友人が経済的に苦境となり、資金の目途が立たなくなったことから、昭和一三年四月から六月にかけて、複数回に渡って一時的に自分が管理している官金五四二八円（約二七一〇万円）を流用した。

このケースは、Ｑ女の営業地を管轄する憲兵隊が不正行為を探知し、その連絡により臨時金庫検査をした結果、被害を確認している。

本件の場合、本人の意思により借入（どこから借入れたのかは不明）を行い、全額を弁償

273　陸軍省経理局「昭和三・五　陣中経理要覧」ＪＡＣＡＲ［アジア歴史資料センター］、内閣「会計規則改正仕払命令委任規程外百二十一件廃止・御署名原本・大正十一年・勅令第一号」国立公文書館

274　第九師団通信隊「出納官吏横領金弁償方ノ件」ＪＡＣＡＲ［アジア歴史資料センター］

している。[275]

最後にもう一件実例を見てみよう。第七防疫給水部（中華民国湖北省黄波）の複分任官をしていたR主計軍曹は、昭和一三年九月に出征し、昭和一四年一月より酒色を覚え、遊里に頻繁に出入りするようになった。その遊興費を得るため、同年三月から一一月までの間、一二七九円（約六四〇万円）の官金を横領していた。

その間、隊長の金庫検査が何回かあったものの、知り合いの地方人（民間人）および兵からの預り金を使って一時的に補填し、不正の発覚を免れていた。しかし、遊興の度が過ぎると判断した上司が、R主計軍曹を複分任官から外し、別の者を任命している。その交代の際、臨時金庫検査を実施したところ、本犯行が発覚した。

被害額中五〇八円（約二五〇万円）は親戚より送金があり、その分を弁済していることから、残額は七七一円（約三九〇万円）である。この金額は、軍法会議に弁償要求書として提出されている。[276]

O一等計手、P主計曹長、R主計軍曹の件は、いずれも判決が出る前に陸軍大臣に報告されているため、軍法会議における判決は不明である。

これらの実例を見ると、横領の原因はほとんどが女性絡みであり、定例の金庫検査では横領の事実を発見できない事例が多い。これは、金庫検査の日が大体決まっていたため、偽装が容易であったことが原因である。
以上のように、横領の事実が発覚すると、軍法会議による懲役刑の他に、会計規則第一三四条に基づく横領金額の弁償が待っていた。そして、この弁償は家族や親戚を巻き込む大変なものだったのである。

275　駐蒙軍司令官蓮沼蕃「兵站司令部附主計下士官不正行為ノ件報告」ＪＡＣＡＲ［アジア歴史資料センター］

276　第十一軍司令官岡村寧次「出納官吏保管ノ官金横領ニ関スル件報告」ＪＡＣＡＲ［アジア歴史資料センター］

あとがき

本書『経理から見た日本陸軍』をお読みになって、読者の皆さんはどのような感想を抱かれましたか。戦争は、今まで作戦や実際の戦闘から語られることがほとんどでした。今回は、それをあえて、普段は日の当たることのない経理という立場から記すことに挑戦してみました。戦争は、いかに莫大なお金がかかり、大量の軍需品を消費するか、具体的な事実や数字を知って改めて驚いた方も多いのではないでしょうか。

また、専門的になりすぎるので、本文中ではあまり触れていませんが、経理上の手続きも法令に基づいて適正に行われていました。たとえ戦時であっても、「戦時特例」で若干手続きが簡便化されただけで、法令を無視して処理されることはありませんでした。そして、経理上の手続きが適正に行われているか確認する内部監査も、戦時中でもしっかり行われていたのです。

筆者はもともと、大学で企業会計を専攻し、その中でも原価計算に慣れ親しんでいました。卒業後の平成九年に防衛庁（当時）に入庁すると、平成一六年に管理局原価計算部（現・防衛装備庁）に異動することになります。そして、いざ防衛装備品の調達に携わってみると、「調達物品等の予定価格の算定基準に関する訓令」（防衛庁訓令第35号）に規定する「一般管理及び販売費」、「総原価」といった、企業会計には存在しない独特の用語や概念、他にも「利子」が価格に含まれていること、「利益率」の計算の際に「資本回転率」で割る、といった一般とは異なる独自の会計処理に違和感と疑問を持ち始めました。

なぜこのような違いが生じるのか――。

こうした素朴な思いから、調べを進めていくうちに、もともと歴史が好きだったこともあり、だんだんと時代を遡り、ついに戦時中や戦前まで行きついてしまったというのが実情です。

それが高じて、さらに深みにはまり、埼玉大学大学院経済科学研究科博士後期課程に入学して研究を進めました。平成二六年三月には、「軍需品と原価計算―軍需品の調達価格計算に用いられた原価計算の発展過程―」で博士号を取得するに至ります。それ以来、積極的に学会報告を行い、陸軍の原価計算に基づく軍需品の価格算定や内部監査等についての論文を発表しています。

数年前、陸軍の経理不正について考察した「日本陸軍の経理上における非違行為―その実態、対策及び原因について―」が『軍事史学』（第五二巻第三号、平成二八年一二月）に掲載されたところ、思いもよらず、Twitter上でこの論文が面白いと多少話題になっていたようです。そして、そのツイートを見たある出版社の編集者から、「経理の観点から陸軍を見たものを新書用に書いて貰えないか」と依頼が来たのが、原稿を執筆するきっかけとなりました。

ただ、一通り書き終わったものの、残念ながら出版するまでには至りませんでした。本書にも記した「缶詰狂騒曲」や「関特演という壮大な無駄遣い」は、特に思い入れがあったので、編集者に断りを入れて承諾を得たうえで、別の出版社に話を持ち込みます。幸いにも興味をもって貰えましたが、先方から期待されていたような、大学生がレポートを作成する際に参考にできる硬めの内容ではなかったことから、最終的には話が進むことはありませんでした。

それから、新書の中でも内容があまり硬くない（？）、比較的間口の広そうな出版社を探し、複数社に売り込みを図ります。そんななか、興味をもってくれたのが文春新書の編集者である織田甫さんでした。

これが出版に至るまでの紆余曲折です。

オリジナル原稿は、図表を入れると四〇〇頁近くになり、一般的な新書のボリュームを超えてしまうことから、一割以上を未収録としました。しかしながら、編集作業を経て、贅肉が取れて引き締まったことで、逆に面白さが際立ったと、我ながらに感じています。

一般的に経理というと、非戦闘職種と思われがちですが、経理学校では歩兵小隊の指揮もカリキュラムに入っていたことがうかがえます。本文中の記述に気が付いた読者は疑問に思ったのではないでしょうか。これは、徴発令に基づく正規の徴発（適正な対価を支払って民間物資を強制的に徴収する。銃で脅し取るものではない）で糧秣を確保する場合、本隊よりも先行しなければならないことから、いざという時に自衛戦闘を指揮できるようにするためでした。現に中国戦線では、徴発の際に攻撃してくる八路軍を相手に、経理部将校が歩兵小隊や分隊を指揮して撃退している事例があります。経理もまさに命懸けだったのです。

また、本文中で記述したように、陸軍経理部は現地自活でも成果をあげ、国力の貧しいわが国の兵站維持にも貢献します。このような経理部将校の努力があったからこそ、冒頭で紹介した東条陸相の、全軍司令官会議の席における陸軍経理部の功績を称える発言につながったのでしょう。

最後に、文春新書の織田さんには出版にあたり大変お世話になりました。飛び込みで持ち込んだ原稿に目を止めていただき、ありがとうございました。また、本書を執筆するにあたって、資料収集と人物特定にご協力いただいた防衛装備庁の小川さん、原稿を読んでアドバイスを下さった陸上自衛隊の佐藤さんと航空自衛隊の西さんに感謝申し上げます。みなさまのおかげで本書を出版することができました。

令和三年四月吉日

本間正人

本間正人（ほんま　まさと）

秀明大学総合経営学部准教授、元防衛事務官。1969年生まれ。福島大学卒業。1997年、防衛庁入庁。主に調達関係畑を歩き、旧管理局原価計算部（現・防衛装備庁）に15年間在籍した。その間、原価計算を用いた予定価格の算定方式について、企業会計の原価計算と異なることに疑問を抱き、そのルーツや差異の原因を調べ始める。埼玉大学大学院経済科学研究科博士後期課程に入学し、博士論文「軍需品と原価計算—軍需品の調達価格計算に用いられた原価計算の発展過程—」で博士（経済学）を取得。海上自衛隊下総航空基地隊経理隊の出納班長を経て、2021年4月から現職。軍事史学会、日本会計研究学会、日本会計史学会、日本原価計算研究学会に所属。

文春新書

1312

経理《けいり》から見《み》た日本陸軍《にほんりくぐん》

2021年5月20日　第1刷発行

著　者　　本間正人
発行者　　大松芳男
発行所　株式会社　文藝春秋

〒102-8008　東京都千代田区紀尾井町3-23
電話　(03) 3265-1211（代表）

印刷所　　理想社
付物印刷　大日本印刷
製本所　　大口製本

定価はカバーに表示してあります。
万一、落丁・乱丁の場合は小社製作部宛お送り下さい。
送料小社負担でお取替え致します。

ISBN978-4-16-661312-0